チョコレート
chocolate
カカオの知識と製造技術

Stephen T Beckett 著

古谷野哲夫 訳

幸書房

The Science of Chocolate
2nd Edition
By Stephen T Beckett

Copyright © Stephen T Beckett 2008

Reprinted 2009, 2011, 2013, 2015

All rights reserved

Japanese translation rights arranged with
The Royal Society of Chemistry, Cambridge
through Tuttle-Mori Agency, Inc., Tokyo

序　文

　私は 1988 年に科学教育論評（School Science Review）で，チョコレート製造の科学と，教室で実施できる二つの実験について記した．その後，学生と保護者の両方からさらなる情報や新しい実験に関する要望の手紙をたくさん受け取った．また，サルター物理学 A コースで，食品関係の講座を開設した Chris Butlin 氏からも問い合わせを受けた．そして講座にはチョコレートの科学が盛り込まれることとなったのである．さらに小学校や大学などでの，私や同僚の講演を通じ人々が単にチョコレートを貰えるという理由ではなく，チョコレートに大きな興味を持っていることを確信したのである．

　そのため，王立化学会から学校や大学向けにチョコレートの科学について著すよう要請を受けた時，大変な仕事になるとは思わずに引き受けてしまったのである．しかし 2006 年に第二版が必要になるほど売れたことは大変喜ばしいことであった．一方，チョコレートの健康栄養面に関しても知りたいとの要望も寄せられ，この分野では多くの研究も行われていることから新しい章の内容として最適であると考えた．また 2005 年に New Scientist 社より出版された「*Does Anything Eat Wasps?*」という書籍において Aero® における気泡の製造方法に関する質問が提起された．その答えは別の新しい章に記載した．

　私は物理学の出身なので，本書は自然に物理的な内容が多くなっているが，化学や数学についてもなるべく触れるようにした．チョコレート業界で使われる化学用語は，学校で教えられるものと異なる場合もあるが，現在の用語を用いるようにしたつもりである．また，本文中の用語に不慣れな読者のために用語集を設けた．この用語集にはチョコレート業界独自の技術用語も含んでいる．

　本書は大学で食品科学を学んでいる者，また菓子産業で働こうという人々にとっては特に有益であろう．油脂化学やメイラード反応などについては科学的な基礎学力が必要であるが，大部分は 16～18 歳の方々でも理解できるであろう．本書において，結晶潜熱や相対湿度といった概念がチョコレートなどを作る際に重要であることを示したつもりである．これらについて，苦痛を伴わずに学ぶことができることを望むものである．いくつかの章，特に第 12 章の実験は単純であり，GCSE 科学の先生達や若い生徒でも利用可能と思われる．これは年齢に応じて活用できることを示している．使用する機器や材料は簡単に作成または入手できるものである．しかしガラスや薬品，熱を使用する場合の安全性については充分に注意しなければならない．

最後に，本書を完成させるために手伝ってくれた妻の Dorothy，図の作成に協力してくれた息子の Christopher と Richard，校正他では John Birkett, Patrick Couzens, Peter Geary, Duane Mellor, Lynda O'Neill に感謝したい．図表の使用許可をいただいた Awema, Blackwell Science と Loders Croklaan, Palsgaard Industri A/S にもお礼を申し述べる．特に図 1.2, 2.3, 3.5, 3.6, 3.10, 3.13, 3.14, 4.9, 4.11, 4.12, 5.2, 5.3, 5.8, 5.10, 5.13, 6.8, 7.1, 7.5, 9.8 はすべて Blackwell Science 社の *Industrial Chocolate Manufacture and Use* からの転載であり，図 1.3 と 1.4 は Nestle Archives (Vevey, Switzerland) の許可を得て収録した．

Stephen Beckett
York, UK

訳者のことば

　日本語で著されたチョコレートに関する専門書は極めて少なく，チョコレートの理論やその科学的本質を日本語で理解するのは難しい状況にある．

　本書は，同一筆者（S.T.Beckett）による「Industrial Chocolate Manufacture and Use」の簡易版ともいうべき書物であるが，必要最低限の内容は漏れなく含まれている上，大変読みやすい構成となっている．序文にも書かれているとおり，チョコレート業界の人ばかりでなく，若い人やチョコレートに興味を持つ消費者にも十分理解できる平易な書籍である．

　本書を読むと，チョコレートが物理的，化学的側面から多くの部分が解明されていることが分かる，これは他の菓子類（例えば焼き菓子やスナック類，キャンデー類）と比べると大きく異なる点である．その理由は，チョコレートが「油脂を連続相とする固体粒子の分散系」という単純な構造を有しているからで，比較的解明が簡単であるためと考えられる（他の菓子類は，でん粉や糖類，タンパク，油脂，空気などが相互作用する複雑系である）．しかし，チョコレートに水を添加するなどした場合は，この単純系が大きく変化し，途端に解析困難となる．添加した水へ砂糖や粉乳が溶解したり，油脂との相互作用によって乳化が生じたりするためである．このような系の解析と統一的な理解はまだなされておらず，今後の課題である．

　さらに，チョコレートの香味に関してはほとんど未解明と言える．チョコレートには数百と言われる香気成分が含まれており，各成分の役割と共存した際の香調，ロースト条件との関係などの研究は部分的に行われているに過ぎない．さらに，原料のカカオ豆そのものの性質もよく分かっていない．カカオ豆収穫後の発酵，乾燥処理が最終チョコレートの香味にどのような影響を及ぼすかについても不明な部分が多い．

　これらの未解明部分があるものの，本書で解説された「チョコレートの科学」は読むに値するもので，本書を通じてチョコレートの本質がより良く理解され，新製品の開発や品質向上，生産性向上などに資することが出来れば訳者の本望である．

　なお，訳はなるべく原文に忠実に作成したつもりである．そのため日本語としては読みづらい部分があるかも知れないがご容赦いただきたい．しかし，原文通りではどうしても意味の通じない箇所では，理解を助けるために訳者が語句を追加した部分もある．

2015 年 11 月

株式会社　明　治
大阪工場長
古谷野　哲夫

目　　次

第 1 章　チョコレートの歴史 …………………………………… 1
　1.1　飲料としてのチョコレート ……………………………… 1
　1.2　食べるチョコレート ……………………………………… 2
　　　1.2.1　チョコレートクラム ……………………………… 6
　　　1.2.2　ホワイトチョコレート …………………………… 7
　1.3　英国におけるチョコレート市場 ………………………… 7
　1.4　チョコレートは健康に良い ……………………………… 7

第 2 章　チョコレートの原料 …………………………………… 9
　2.1　カカオ豆 …………………………………………………… 9
　　　2.1.1　カカオ木 …………………………………………… 9
　　　2.1.2　商業的なカカオ生産国 …………………………… 9
　　　2.1.3　カカオポッド ……………………………………… 11
　　　2.1.4　発酵 ………………………………………………… 13
　　　　　　2.1.4.1　発酵方法 ……………………………… 13
　　　　　　2.1.4.2　微生物変化と化学変化 ……………… 14
　　　2.1.5　乾燥 ………………………………………………… 16
　　　2.1.6　貯蔵と輸送 ………………………………………… 17
　2.2　砂糖及び砂糖代替物 ……………………………………… 18
　　　2.2.1　砂糖とその製造 …………………………………… 18
　　　2.2.2　結晶糖と非結晶糖 ………………………………… 19
　　　2.2.3　乳糖 ………………………………………………… 21
　　　2.2.4　ブドウ糖と果糖 …………………………………… 22
　　　2.2.5　糖アルコール類 …………………………………… 22
　　　2.2.6　ポリデキストロース ……………………………… 23
　2.3　乳及び乳成分 ……………………………………………… 23
　　　2.3.1　乳脂 ………………………………………………… 24
　　　2.3.2　乳タンパク ………………………………………… 25

	2.3.3	乳糖類 ··26
	2.3.4	ホエー及び粉末乳糖 ··28
2.4	チョコレートクラム ··28

第3章　カカオ豆処理 ···30

3.1　豆クリーニング ··30
3.2　ローストとウィノーイング ···30
　　3.2.1　カカオ豆サイズの問題 ··31
　　3.2.2　ウィノーイング ··33
　　3.2.3　豆ロースト ··34
　　3.2.4　ニブローストとリカーロースト ····························34
　　3.2.5　ロースター ··34
　　3.2.6　ロースト中の化学的変化 ······································35
　　3.2.7　メイラード反応 ··36
3.3　カカオニブの粉砕 ··37
　　3.3.1　カカオ粉砕機 ··39
　　　　3.3.1.1　インパクトミル ··40
　　　　3.3.1.2　ディスクミル ··40
　　　　3.3.1.3　ボールミル ··40
3.4　ココアバター及びココアパウダー製造 ·························42
　　3.4.1　アルカリゼーション（ダッチング）······················42
　　3.4.2　ココアバター ··43
　　3.4.3　ココアパウダー ··44

第4章　液体チョコレートの製造 ·····························45

4.1　チョコレート粉砕 ··46
　　4.1.1　原料の分割粉砕機 ··47
　　4.1.2　一括粉砕 ··49
4.2　チョコレートコンチング ··52
　　4.2.1　化学的変化 ··52
　　4.2.2　物理的変化 ··53
　　4.2.3　粘度低下 ··54
　　4.2.4　コンチング装置 ··56

4.2.4.1　ロングコンチェ………………………………………56
　　　4.2.4.2　ロータリーコンチェ……………………………………56
　　　4.2.4.3　連続式小容量装置………………………………………59
　　4.2.5　コンチングの三段階…………………………………………59

第5章　液体チョコレートの流動特性制御………………………61
5.1　粘度…………………………………………………………………62
5.2　粒子径………………………………………………………………64
　5.2.1　粒径分布データ…………………………………………………64
　5.2.2　粘度に及ぼす粒子径の影響……………………………………65
5.3　粘度に対する油脂添加効果………………………………………69
5.4　水分とチョコレート流動特性……………………………………70
5.5　乳化剤とチョコレート粘度………………………………………71
　5.5.1　レシチン…………………………………………………………72
　5.5.2　ポリグリセロールポリリシノレート…………………………75
　5.5.3　その他の乳化剤…………………………………………………76
5.6　混合の程度…………………………………………………………76

第6章　チョコレート中の油脂結晶化……………………………79
6.1　ココアバターの構造………………………………………………79
6.2　異なる結晶形態……………………………………………………82
6.3　予備結晶化，またはテンパリング………………………………85
6.4　異なる油脂の混合（共晶現象）…………………………………86
6.5　チョコレートのファットブルーム………………………………89
6.6　ココアバター以外の植物性油脂…………………………………91
　6.6.1　ココアバター代用脂（CBE）…………………………………91
　6.6.2　酵素によるエステル変換………………………………………92
　6.6.3　ラウリン系ココアバター代替脂（CBR）……………………93
　6.6.4　非ラウリン系ココアバター代替脂（CBR）…………………94
　6.6.5　低カロリー油脂…………………………………………………95

第 7 章　チョコレート製品の製造 …………………………………97

- 7.1　テンパリング …………………………………………………97
  - 7.1.1　液体チョコレートの貯槽 …………………………97
  - 7.1.2　テンパリング装置 …………………………………98
  - 7.1.3　ハンドテンパリング ………………………………98
  - 7.1.4　テンパリング状態の測定 …………………………100
- 7.2　型成型 …………………………………………………………103
  - 7.2.1　板チョコレート ……………………………………103
  - 7.2.2　シェル成型品 ………………………………………105
- 7.3　エンローバー …………………………………………………108
  - 7.3.1　テンパリングされたチョコレートの保持 ………111
- 7.4　チョコレートの固化 …………………………………………112
  - 7.4.1　冷却装置 ……………………………………………112
- 7.5　パンニング ……………………………………………………113
  - 7.5.1　チョコレート掛け …………………………………114
  - 7.5.2　糖衣掛け ……………………………………………116

第 8 章　分析方法 ………………………………………………………119

- 8.1　粒子径の測定 …………………………………………………119
- 8.2　水分測定 ………………………………………………………121
- 8.3　油分測定 ………………………………………………………122
- 8.4　粘度測定 ………………………………………………………124
  - 8.4.1　工場における簡便法 ………………………………124
  - 8.4.2　標準測定法 …………………………………………124
- 8.5　香味 ……………………………………………………………126
- 8.6　食感の評価 ……………………………………………………128
- 8.7　結晶量とそのタイプ …………………………………………130
  - 8.7.1　核磁気共鳴法 ………………………………………130
  - 8.7.2　示差走査熱量測定 …………………………………131

第 9 章　種々のチョコレート製品 ……………………………………133

- 9.1　特殊な配合 ……………………………………………………133

| | 9.1.1 アイスクリームコーティング ································· 134
| 9.2 | 保形性チョコレート ··· 135
| | 9.2.1 油脂相の改変 ·· 135
| | 9.2.2 透明な被覆剤 ·· 135
| | 9.2.3 水 ·· 135
| | 9.2.4 固体粒子による構造形成 ··································· 136
| 9.3 | チョコレート中の気泡 ··· 137
| | 9.3.1 気泡サイズに影響する因子 ································· 138
| | 9.3.2 水の蒸発による気泡 ······································· 139
| 9.4 | クリームを充填したチョコレート ································· 139
| 9.5 | 多種のクリームを充填したチョコレート ··························· 142

第 10 章　法規，賞味期間及び包装 ······································ 143

| 10.1 | 法規 ··· 143
| 10.2 | 賞味期間 ··· 144
| 10.3 | 包装 ··· 146
| | 10.3.1 アルミ箔及び紙包装 ······································ 147
| | 10.3.2 ピロー包装（Flow Wrap） ································ 148
| | 10.3.3 生分解性包装材料 ·· 150
| | 10.3.4 ロボットによる包装 ······································ 150

第 11 章　栄養と健康 ·· 152

| 11.1 | 栄養 ··· 152
| | 11.1.1 脂質 ·· 153
| | 11.1.2 炭水化物 ·· 154
| | 11.1.3 タンパク質 ·· 155
| 11.2 | 肥満 ··· 155
| 11.3 | 虫歯 ··· 156
| | 11.3.1 カカオに含まれる抗う蝕性因子 ···························· 156
| | 11.3.2 歯に優しい乳タンパク ···································· 156
| | 11.3.3 シュウ酸 ·· 157
| | 11.3.4 嚥下の速さ ·· 157
| 11.4 | その他の悪説 ··· 157

11.4.1　頭痛, 偏頭痛 …………………………………………… 157
　　　11.4.2　ニキビ ……………………………………………………… 158
　　　11.4.3　アレルギー ………………………………………………… 158
　　11.5　健康増進効果 …………………………………………………… 158
　　11.6　向精神物質 ……………………………………………………… 160

第12章　チョコレート及びチョコレート製品を使った実験 …… 162

　　実験1：非結晶糖と結晶糖 …………………………………………… 162
　　実験2：粒子の分離 …………………………………………………… 163
　　実験3：油脂移行 ……………………………………………………… 164
　　実験4：ココアバターの分離 ………………………………………… 165
　　実験5：チョコレート粘度 …………………………………………… 165
　　実験6：チョコレートの粒子径 ……………………………………… 167
　　実験7：レシチンの効果 ……………………………………………… 168
　　実験8：連続相の反転 ………………………………………………… 169
　　実験9：チョコレートテンパリング ………………………………… 169
　　実験10：硬度測定 ……………………………………………………… 171
　　実験11：チョコレート組成と製品の重量管理 ……………………… 172
　　実験12：分布と確率 …………………………………………………… 173
　　実験13：色素のクロマトグラフィー ………………………………… 174
　　実験14：異なる包装材料の有効性 …………………………………… 175
　　実験15：粘度と香味 …………………………………………………… 176
　　実験16：耐熱性試験 …………………………………………………… 177
　　実験17：膨張係数 ……………………………………………………… 178
　　実験18：メイラード反応 ……………………………………………… 179

用語集
索引

第 1 章　チョコレートの歴史

　チョコレートは通常，室温では固体であるが口中で容易に融解する特徴を持つ，珍しい食品である．これはチョコレート中のココアバターと呼ばれる油脂が 25℃ 以下でほとんどが固体であり，砂糖やカカオ粒子を保持しているためである．しかしこの油脂は体温で完全に融解し保持していた粒子を流動させるので，口中で加熱されるとチョコレートは滑らかとなるのである．また，チョコレートには甘味があるため多くの人を魅了する．
　しかし昔のチョコレートは渋くて脂肪が多く，おいしくない飲み物であった．チョコレートの開発は歴史におけるミステリーの一つである．

1.1　飲料としてのチョコレート

　記録にある最古のカカオ農園は，およそ AD600 年にユカタン半島南部の低地にマヤ人によってつくられた．ヨーロッパ人が中央アメリカを発見した時には，カカオ木はメキシコのアステカ人やペルーのインカ人によって栽培されていた．カカオ豆は非常に珍重され，ショコラトルとして知られる飲料をつくるほか，貨幣としても使用されていた．カカオ豆は土器中でローストされ石で磨砕，時には装飾された加熱台の上で粉砕された（Figure.1.1）．その後，こねて塊とし冷水と混ぜて飲料を作っていた．これにはバニラや香辛料，蜂蜜なども加え泡立てていた[1]．アステカのモンテスマ帝王はこの飲料を一日に 50 杯も飲んでいたといわれる．
　コロンブスは収集品の一つとしてカカオ豆をヨーロッパに持ち帰ったとされるが，

Figure 1.1　古代の装飾された粉砕石，ユカタンより出土

スペインの侵略者であったドン・コルテスが 1520 年代にこの飲料をスペインに紹介したのである．

そして苦味や渋味を減らすために砂糖が加えられたが，この飲料は 1606 年にイタリアへ，1657 年にフランスへ伝わるまでの約 100 年間，他のヨーロッパ地域には知られていなかった．これは非常に高価であったため貴族のみが飲むことができ，またその流布も権力者の家族間によってのみなされていった．例えばスペインの王女であるオーストリアのアンナは 1615 年頃，この飲料を夫であるフランスのルイ 13 世とフランス宮廷に伝えたのである．カーディナル・リシュリュー（Cardinal Richelieu）は飲料として，また消化薬として用いたとされる．飲料の味は万人に好まれるものではなくローマ法王はあまりにもまずいため，この飲料は一気に飲み干すものであると言っていた．

最初のチョコレート飲料店は 1657 年にロンドンに開店した．これはピープス（訳注；英国の日記作者）の日記に書かれており，彼は，'jocolatte' はとてもおいしかったと書いている．1727 年にはミルクが加えられたがこの発明はニコラス・サンダース（Nicholas Sanders）[2] によるものとされている．18 世紀に，White's Chocolate House はロンドン子の人気店となり，一方政治家は Cocoa Tree Chocolate House へ通ったものであった．これらの店はその時代の居酒屋と比べ物静かな場所であった．しかしチョコレート飲料は富裕層のものであったことには変わりない．

チョコレート飲料の一つの問題は非常に脂肪の多いことであった．カカオ豆の半分以上はココアバターで構成されているためである．ココアバターは熱水で融解しカカオ粒子を分散しにくくし，また脂肪が浮くため見た目にも悪いものであった．しかしあるオランダ人が油脂を除去することによる改良法を発見した．1828 年にバン・ホーテンがココアプレスを開発したのである．しかし当時，彼の工場が完全に人力によって操業していたのは驚くべきことである．カカオ豆の胚乳（カカオニブと呼ばれる）は圧搾により約半量の油脂が除去され，固い「ケーキ」とされる．ケーキは粉砕されて粉末となり，脂肪分のかなり低い飲料が作られたのである．粉末を熱水や加熱牛乳によりよく分散させるため，バン・ホーテンはカカオ豆ロースト中にアルカリ液処理を施した．この方法は後に，ダッチプロセス（Dutching process）として知られるようになった．アルカリ剤の種類を変えることによりココアパウダーの色調を調整することも可能となった．

1.2 食べるチョコレート

ココアバターを搾油することになったココアパウダー製造者は，この油脂の活用法を模索することになった．それは，砂糖とカカオニブ混合物の粉砕品にココアバター

を添加することで「食べるチョコレート」となることを菓子職人が発見したことで解決された（ダークチョコレート製造に用いられる原料を Figure 1.2 に示した）．単に砂糖とニブを粉砕混合しただけでは，固く壊れやすい塊となるだけである．追加の油脂を添加することですべての粒子が油脂で被覆され，口中で滑らかに融解する，現在我々の知っているような固い板チョコレートができるのである．

プレス技術の発明から約20年後の1847年，食べる板チョコレートを製造する初めての会社が，Joseph Fry によって英国ブリストルに創立された．

フライはバン・ホーテンとは異なり，当時開発された蒸気エンジンを工場の動力として使用した．キャドバリーやロントリー，ハーシーなどの草創期の多くのチョコレート会社がクエーカー教徒または類似の信者によって創立されたことは興味深い．これは彼らが平和主義・絶対禁酒主義であったので，多くの産業に従事することができなかったためと思われる．しかしチョコレート産業は人々にとって有益であるとみなされたのである．キャドバリーやロントリーは1890年代後半に郊外へ移転し，従業員のために 'garden' villages を建設した．フライ社はブリストル中心部に残り，他の二社のような急速な拡大策は採らなかった．やがてこの会社はキャドバリーの子会社となったのである．

食べるチョコレートの開発によってカカオ豆の需要は急速に高まった．当初，カカオ豆の大部分はアメリカ大陸から輸入していた．1746年に初めてのカカオプランテーションがブラジルのバイア州に設立された．これ以前にスペイン人はカカオ木をアフリカ沿岸部のフェルナンドポー（Fernando Po (Biyogo)）へ移植したが，ここはすぐに重要な栽培地となった．1879年，西アフリカの鍛冶屋が数本の木を黄金海岸（現ガーナ）に持ち帰った．英国の統治者はその潜在力を認識しカカオ木の植栽を奨励した．そ

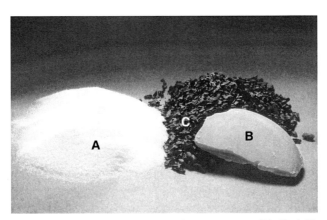

Figure 1.2 ダークチョコレート製造に用いられる原料（粉砕前）
A 砂糖，B ココアバター，C カカオニブ

の結果ガーナは高品質カカオ豆の主要な産地となったのである．他のヨーロッパ列強も熱帯自領でのカカオ生育に注力し，例えばフランスはアイボリーコースト（コートジボアール）で推進した．今やこの国は世界一のカカオ豆生産国となっている．

フライによって作られた当初のチョコレートはダークチョコレートであったが，はじめてのミルクチョコレートは1875年，スイスのダニエルピーターによって作られた．チョコレートは水分を含ませることができない．水分は砂糖を溶かし，融けたチョコレートを滑らかな流動状態からペースト状へ変えてしまうからである(第12章実験5参照)．2％の水分でも食感が悪くなる上に製品の保存性も悪化する．したがってダニエルピーターは自国で産出する多量の牛乳を乾燥する方法を見出さなければならなかった．それには当時，Henri Nestleによって開発された濃縮乳の配合が参考にされた．つまり多量の水を蒸発させる必要がなくなったのである．また，比較的安価な水力機械を利用することで残りの水分除去ができた．現在ではほとんどの国で，ダーク

Figure 1.3 ダニエルピーターのノート（Nestlé Historical Archives, Vevey）Used by permission of Société des Produits Nestlé S.A. through Tuttle-Mori Agency, Inc., Tokyo

よりもミルクチョコレートの方が人気である．1900年代初めにダニエルピーターは自分がミルクチョコレートの発明者であることの認証を得るために，その方法を記述したノートを法律家へ提出した．Figure 1.3 に法律家の印が押されたページを示す．

この時代では，ミルクチョコレート様の塊はほとんど飲料のために用いられた．Figure 1.4 には 1900 年代初期のピーターの会社の広告を示す．その下部にはピーターの三角チョコとして知られる絵が描かれている．この形状は簡単に割って小さな三角形とし，それをカップに入れた熱湯で溶かすための工夫である．

口中でチョコレートが融けた時，滑らかに感じるよう非脂肪固形粒子は 30 μm 以下（1000 ミクロン = 1 mm）の大きさでなければならない．フライやピーターは花崗岩ローラーを使ってチョコレートを作ったが，この方法では少しザラついたものであった．その理由は大きな粒子の存

Figure 1.4 ピーターのチョコレートの広告（Nestlé Historical Archives, Vevey）
Used by permission of Société des Produits Nestlé S.A. through Tuttle-Mori Agency, Inc., Tokyo

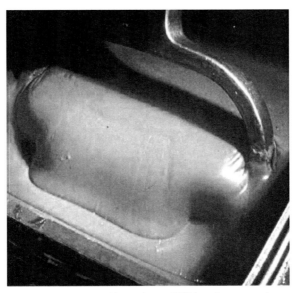

Figure 1.5 ロングコンチェで処理中のチョコレート

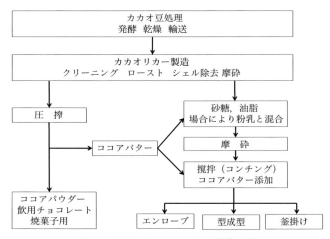

Figure 1.6 チョコレートの製造工程

在と，粒子同士の凝集，また油脂による粒子被覆が完全でないためである．さらに酸性化合物の存在によってチョコレートは苦く感じられる傾向があった（第4章参照）．

1878年，ロドルフ・リンツ（Rodolphe Lindt）はスイス，ベルンの工場でより滑らかで味の良いチョコレートを製造する機械を発明した．これはコンチェとして知られるものである．その名前はコンチェ貝の貝殻の形に似ていたために付けられた（Figure 1.5）．コンチェは通常同一の素材の花崗岩製の容器とローラーからできており，融けたチョコレートをローラーで前後に数日間処理するものである．これによって凝集塊や大きな粒子を壊し，粒子の油脂被覆を完全なものとするのである．同時に水分やある種の酸性物質を空中に蒸散させ，滑らかで渋味の少ないチョコレートとするのである．チョコレート製造工程を Figure 1.6 に示した．

1.2.1　チョコレートクラム

20世紀初頭，チョコレートに用いられる牛乳の保存性は悪かった．そのため新鮮な牛乳の供給が限られるクリスマス時期に販売時期の重なるチョコレート産業にとっては問題であった．そのため英国及びいくつかの国ではチョコレートクラムと呼ばれる中間原料の開発がなされた．

カカオニブには抗酸化物質が含まれている（第11章参照）．それは乳脂を酸っぱくさせる油脂の分解を抑制する．また，砂糖は食品の保存性を高めることも知られていた（ジャム等に用いられる）．そこでチョコレート製造者は牛乳に砂糖とカカオを添加し一緒に乾燥させたのである．このようにして作られたチョコレートクラムは少なくとも一年の保存性を有していた．したがって，春の産乳期に集乳された牛乳は次のクリスマ

スに使用可能となったのである．しかし乾燥過程で，ある種の加熱香味が生じるため英国のチョコレートは粉乳から製造される他のヨーロッパ大陸のものとはやや異なる香味を持っている．

1.2.2　ホワイトチョコレート

初めてのホワイトチョコレートは 1930 年に作られた．それは砂糖と粉乳及びココアバターから製造された．カカオの抗酸化物による保存効果は主にカカオ中の褐色原料に含まれている．このことは，ホワイトチョコレートはミルクチョコレートほどの保存性が無いことを意味している．光も乳脂分解を促進するので，ホワイトチョコレートは非透明の材料で包装せねばならない．

1.3　英国におけるチョコレート市場

技術の進歩によってチョコレートは単なる板チョコレートだけでなく，他の原料の被覆剤として，また他の製品の一部として使用されるようになってきた．これらの多くは 1930 年代に開発され，今日まで一般的な商品として残っている．その良い例はKitKat® や Mars Bar®，Smarties® などである．今ではこれらの製品は製造会社名よりも，ブランド名として知られるようになっている．キャドバリーのような企業では両者を訴求している．

戦時中，カカオ豆の供給が逼迫したため厳しい配給制が敷かれ，多くの企業はチョコレート製造が不可能となった．英国における配給制は 1949 年に終焉したが，急激な購買によって 6 月には菓子店の 60％ は商品が無くなってしまった．そのため再度配給制が 1953 年まで続いたのである．

消費は急激に増大したがここ 10 年は横這いである．西ヨーロッパの国々でチョコレート菓子の消費量は年間約 9 Kg/ 人である（この数字にはチョコレートビスケット類は含まない）．ドイツは最大消費国で，約 11 Kg/ 人・年であり菓子産業を非常に重要なものとしている．英国における砂糖菓子とチョコレート菓子の合計売り上げは，茶や新聞，パンを上回る[4]．

1.4　チョコレートは健康に良い

食品中の抗酸化物質は，細胞を損傷させるフリーラジカルという物質から体を守ることが知られている．カカオは抗酸化物質の供給源として知られ，1999 年にオランダの Bilthoven にある国立公衆健康・環境研究所の研究者がチョコレート中のカテキン類含量を調査した．これは最も強い抗酸化性を示すフラボノイドの一種である．その

結果,ダークチョコレート中には 53.5 mg/100 g 存在し,これは茶の 4 倍量であった.一日に一杯のお茶の摂取は心臓病の危険を低下させるとされている[5].それ以降,多くの研究が行われ心臓病に対するカカオの良い効果が示され,ある種のガンに対しても効果が示唆されている(第 11 章参照).

　一般的にチョコレートには肥満や虫歯,ニキビ,偏頭痛などを起こすとの悪いイメージがあるが,バランスのとれた摂取である限り,科学的にはチョコレートは悪影響を与えないことが示されている(第 11 章参照).

参照文献

1. R. Whymper, *Cocoa and Chocolate. Their Chemistry and Manufacture*, Churchill, London, 1912.
2. L. R. Cook (revised E. H. Meursing), *Chocolate Production and Use*, Hardcourt Brace, New York, 1984.
3. S. T. Beckett, *Indstrial Chocolate Manufacture and Use*, Blackwell, Oxford, UK, 1999.
4. Nestlé, *Sweet Facts '98*, Nestle Rowntree, York, UK, 1999.
5. Anon, Antioxidants in Chocolate, *Manufacturing Confectioner*, September 1999, 8.

第 2 章　チョコレートの原料

2.1　カカオ豆

2.1.1　カカオ木

チョコレートと呼ぶためにはカカオを含まなければならない．ココアまたはカカオ木（*Theobroma cacao*, L.）は中南米を原産とし，現在では南北緯 20 度以内の適正環境地で商業的に栽培されている．この地域では年間を通じた平均気温が高く（> 27℃），年間降水量が多いこと（1500〜2500 mm）による多湿地帯である．土壌は深く肥沃で，排水性が良くなければならず，通常は標高 700 m 以下が適している．また強い風は収量に悪影響を与える．

樹高は 12〜15 m と比較的低く，熱帯雨林の低層で自然に生育する．商業的な農園ではココナツやバナナなどを間に植えて陰をつくることが多い．葉は常緑で長さは 300 mm にも達する．ポッドの収穫は 2〜3 年目から始まり，最大収量を得るまでには 6〜7 年を要する．

カカオには四つの品種が存在する．クリオロ種は白色の胚乳を持ちマイルドな香味を呈するが，収量は少ない．ほとんどのカカオはフォラステロ種であり，より強靭で西アフリカの小農（農園よりも小さな家族の耕作地）によって多く栽培されている．トリニタリオ種は一般的に前者二つの交雑品種であると考えられている．四番目はナシオナル種でエクアドルのみに生育し，原産地はおそらくエクアドルのアマゾン地域と思われる．ナシオナル種は完全なカカオ風味に加え，華やかでスパイシーな香味を有している．

カカオ木は多くの虫や病気に曝されている．深刻なもののいくつかは，

- capsids 〈カプシッド〉（樹液を吸う昆虫で植物組織に損傷を与える）
- black pod disease 〈黒果病〉（主にポッドに繁殖するカビでポッドを腐らせる）
- witches' broom disease 〈ウィッチズブルーム〉（カビで葉芽にコブをつくる．花やポッドにも影響する）
- cocoa pod borer moth 〈カカオポッドボーラー〉（幼虫がポッドに侵入し豆の発育を妨げる）

2.1.2　商業的なカカオ生産国

主たるカカオ生育地域には西アフリカ，東南アジア，南米の三つがある．これらを

Figure 2.1 に示した．個々の産地国からのカカオ供給は，経済的な理由や病虫害の影響によって過去 20 年間に大きく変化した．

1980 年代半ば，ブラジルのバイア州は 40 万トン以上を生産する主要カカオ産地であったが，現在では半分以下となっている．それはウィッチズブルームによる被害のためで，生産されるカカオ豆はほぼ国内消費のみにまわされている．

世界生産量の 40％はアイボリーコースト（コートジボアール）で生産されている．生産量は過去 30 年間で劇的に増大し，ヨーロッパのチョコレートの大部分はこの産地の豆を使用している．多くは小農による生産である．近年の政治的不安定性のために，将来的な産出は不透明である．

ガーナは世界生産のおよそ 20％を占める世界第二の生産国であり，70 万トンを産出する．また高品質豆を生産するとの評価を得ており，他のバルク豆を評価する際の基準ともなっている．国内処理されるカカオ豆量は増大している．

ナイジェリアも一定量のカカオ豆を生産するが，油田開発と他の産業の発展によって労働力が移行し，カカオ生産は減少している．産出量は約 20 万トンであるが，多くの木は老化している．

インドネシアではカカオ生産が拡大し現在ではガーナに比肩する規模となっている．カカオの香味は木の品種（例えばクリオロかフォラステロか）だけでなく，気候や土壌条件などに影響される．ダークチョコレートのような特別なチョコレートでは，カカオ豆を特定の地域から調達することがある．そのような優れたカカオ豆はクリオロ種であることが多く，エクアドルやカリブ海諸島，パプアニューギニアなどの小規模生産国から産出する．

マレーシアは 1980 年代に多量のカカオ豆を生産したが，その後急減した．一つの

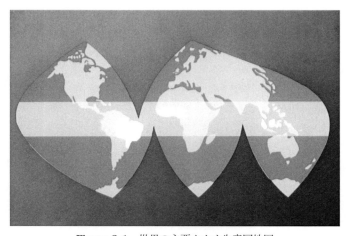

Figure 2.1 世界の主要カカオ生産国地図

要因としてポッドボーラーによる被害が挙げられるが，大きな原因はより利益の高いパーム栽培などへ転換したためである．

カカオ香味だけでなくカカオ豆に含まれる油脂も生産地域によって異なる．一般的に木の生育地が赤道に近いほど油脂は固い，すなわち融点が高い．このためマレーシアのココアバターは比較的固く，ブラジルのココアバターの大部分は柔らかい．前者は夏季に販売されるチョコレート向けに適しており，後者は冷温下で油脂が固くなるチョコアイスのような冷凍商品に向いている．第6章および第12章の実験10を参照のこと．

2.1.3 カカオポッド

カカオには10万個もの小さな花（Figure 2.2）が枝や幹に一年中咲く．これらがcherelleと呼ばれる小さな緑色のポッドに成長するが（Figure 2.3），100〜350 mmの大きさに成熟するまで（Figure 2.4）には5〜6カ月を要する．ポッド重量は200 gから1 Kg以上まであり，品種によって種々の形や色をしている．一個のポッドには30〜45粒のカカオ豆が含まれている．

手の届く範囲ではポッドはナタ（machete）で木から注意深く切り取られる．高所の枝では長い棒の先にナイフを付けた特別な道具で収穫する（Figure 2.5）．ポッドは同時に成熟しないため，収穫は数カ月間にわたり2〜4週間毎に行われる．

ポッドはナタまたは木の棒で叩いて開かれる．豆の形状は楕円で白いパルプ（mucilage）に包まれている．豆は手を使ってパルプから剥がされる．

カカオ豆は外側の皮（shellまたはtesta）が二つの胚乳（ニブと呼ばれる）と小さな胚（germ）を包んでいる．胚乳は発芽のための栄養を蓄えるとともに最初の双葉となる．

Figure 2.2 カカオ木に咲く花

Figure 2.3 カカオ木の幹に成長する小さなポッド（cherelle）

Figure 2.4 カカオポッドと内部の豆

Figure 2.5 長い棒を使って収穫されるカカオポッド

栄養のほとんどは油脂（ココアバター）の形態として蓄積されており，乾燥豆の半量以上を占める．この段階の豆水分は約65%である．

2.1.4 発　酵
2.1.4.1　発酵方法
　最終チョコレート中の良好な香味のためには適正な発酵が不可欠である．発酵は豆を死滅させ発芽による劣化を防ぐ過程でもある．また，ある種の化合物が生成し，これは加熱によってカカオの味をつくるものであるがそれ自体の味はしないか，全く異なる物質である．これらは香味を形成する香味前駆体として知られるが香味そのものではない．未発酵豆はココアバターを得るためにプレスされるが，残ったカカオ分は通常はチョコレート製造には用いられない．

　多くのカカオ木は小農によって栽培され，発酵方法は伝統的なものである．しかし

Figure 2.6 バナナ葉の下で発酵されるカカオ豆

いくつかの国では発酵を近代化しようとの試みも行われている．発酵には主に二つの方法があり，それらは堆積法とボックス法である．

西アフリカでは堆積法が広く行われている．25～2500 Kg のカカオ豆を少量の白いパルプと共に積み上げバナナ葉で覆うのである（Figure 2.6）．この方法では通常5～6日発酵するが実際の時間は経験によって決められる．農家によっては2日または3日後にカカオ豆を撹拌する．小さい堆積の方が良好な香味を得ることが多い．

大きな農園,特にアジアではボックス発酵法を用いる．木の箱におよそ1～2トンのカカオ豆を入れるが，箱には大抵下部に穴またはスリットが設けられている（Figure 2.7）．この穴は換気のためや豆やパルプから滲出する水の排水を行う．箱の深さは1m程度であるが，浅い（250～500 mm）方が換気が良くなるため香味が良くなることが多い．換気を増し均一な処理とするために，豆は毎日別の箱へ移される．発酵期間は通常，堆積法の場合と同程度であるが，農園によっては一日または二日長い．

2.1.4.2 微生物変化と化学変化

発酵中に何が起こっているか，の研究は数多く行われてきたが未だに完全には解明されていない．また，カカオシェルが存在した状態なので，チョコレート製造に用いられる胚乳部へ微生物が直接反応することは不可能である．したがって，これは真の発酵過程ではない．

Figure 2.7 ボックス法によるカカオ豆発酵

　発酵初期に温度は急激に上昇し，この状態が三日間継続することで豆が死滅するに十分であると考えられている．豆の死滅に続いて酵素（触媒の一種で油脂を単純な物質に変換するような分解速度を，大きく加速させるもの．しかし反応それ自体は変化させない）が放出される．そしてカカオ豆の持っていた栄養素の迅速な分解が生じ，糖や酸が生成し，これらは前述したチョコレート香味の前駆体となるのである．

　しかし通常の発酵も豆の外側で生じているため，この過程はさらに複雑である．豆の外側には糖を多く含むパルプが存在し，醸造と同様に酵母によって酸とエタノールが産生される．エタノールは他の細菌，すなわち酢酸菌や乳酸菌を活性化しそれぞれの酸へと代謝される．エタノールと酸はシェルを透過し豆へ滲入する．酸度（pH）の変化は豆の死滅を促進する．

　先に述べたように，発酵には種々の方法があり異なる香味を与える．例えばボックス発酵では豆は毎日移動される．この操作はカカオ豆をエアレーションし，好気性細菌（*Acetobacter*）を活性化するので酢酸生成が増える．他の反応，例えば酵母などは酸素存在下で不活化しエタノール生成は減少する．これにより同じカカオ豆では，ボックス発酵された豆は堆積発酵されたものよりも酸度が高くなる傾向となる．この問題

に対処するため，ボックス発酵の期間を短縮したり撹拌回数を減らしたりする試みがなされている．

他にも重要な多くの反応が生じる．タンパク及びペプチド類はポリフェノール類と反応しカカオの茶色を呈するようになり，糖とタンパクの反応によって香味前駆体も生成する．特に重要なのはアミノ酸の生成である．タンパクはアミノ酸が結合したものである．アミノ酸は次のように表される．

$$H_2N-\underset{H}{\overset{Z}{C}}-COOH$$

ここで $Z=H, CH_3, C_2H_5, CH_2OH$ など．

（実際には環境 pH により NH_2 に水素が結合したり，COOH が水素を失ったりしてイオン化している．）

発酵中に多くのタンパクはこのようなアミノ酸に分解される．アミノ酸は 20 種類あるが，その中で特にバリンとグリシンがチョコレート香味発現に重要である．

発酵中の化学的変化に関する詳細は Fowler[1], Dimick and Hoskin[2] を参照されたい．

2.1.5 乾　燥

発酵後，カカオ豆はチョコレート製造工場へ輸送される前に乾燥しなければならない．不適正な乾燥は豆表面でのカビ発生を招き，チョコレートに不快な香味を与えるので使用できなくなる．しかし過乾燥も避けねばならない．水分 6% 以下では非常に脆くなり，その後の処理工程で問題を生じる．

天候が良ければカカオ豆は通常，天日乾燥される．カカオ豆はマットやトレー，テラス上で約 100 mm の厚さで拡げられて乾燥される．乾燥中，カカオ豆はときどき熊手でならされ，夜間や雨天時には積み上げられ覆いをかぶせる．中南米ではカカオ豆の覆いのために車輪つきの屋根が用いられている．ガーナでは低い木製台の上に割いた竹で作った簾が使用される．この簾は雨天時に巻き上げることができるのである．カカオ豆水分が 7〜8% となるには約一週間を要する．この低水分ではカビは発生しにくい．他の地域ではカカオ豆は可動式テーブルで乾燥される．このテーブルは必要に応じて覆いの下へ格納できる（**Figure 2.8**）．天日乾燥における大きな問題は周囲の環境，農園，野生動物からの汚染である．したがって，カカオ豆がチョコレート製造工場に到着した際，処理に注意が必要であることを意味している（第 3 章参照）．

他の国々，特にアジアでは湿度が高すぎるため人工乾燥が必要となる．炉で木を燃やし，高温空気が乾燥台下の煙道を通過し最後に垂直の煙突から抜けるような装置がよく用いられる．ここでの問題は煙道からの煙の漏れである．これによってカカオ豆

Figure 2.8 可動テーブル上で乾燥されるカカオ豆

はカビのように不快な香味を呈しチョコレート製造には使用できなくなる．したがって，強制空気乾燥機の方が良好である．これは充分な熱交換器を持ち，煙が豆に接触するのを防いでいる．乾燥速度が速すぎる場合，カカオ豆は酸味の強いものとなる．したがって低温または長時間をかけて間欠的に乾燥することが望ましい．

2.1.6 貯蔵と輸送

カカオ豆は水分を吸収しないように貯蔵しなければならない．水分が8％を越えるとカビが発生するからである．伝統的には60〜65 Kg入りの麻袋に入れて貯蔵する(Figure 2.9)．この袋は強く，積み重ね可能で水分の通過が容易である．また，麻袋は生分解性でもある．チョコレートは非常に繊細な香味を持つので，香辛料などの荷物と離して保管しなければならない．さもなければチョコレート中に異臭を発現させることとなる．

カカオ豆は船倉に入れて輸送されることがある．荷物搬入時の温度はおよそ30℃であるが，すぐに北大西洋で0℃近くになる．豆水分が8％の場合，平衡相対湿度は75％である．いいかえれば，相対湿度が75％以下であればカカオ豆は水分を放出し，逆の場合は吸湿する．豆水分は8％を越えてはならず，また多湿での貯蔵も行ってはならない．しかし船内では制御が困難である．カカオ豆搬入時にすでに湿度は高く，温度低下に伴って湿度は100％に上昇する（露点である）．水分は船体で凝縮し，しばしば袋へ滴下してカビの原因となる．したがって，袋は船の冷たい壁へ接触させてはならず，上部には吸水マットを設置すべきである．また船倉は湿った空気を排出するために換気すべきである．

Figure 2.9 麻袋に入れられ船への搬入を待つカカオ豆

2.2 砂糖及び砂糖代替物

伝統的にチョコレートにはショ糖が約50％含まれているが，ミルクチョコレートでは乳由来の乳糖もある程度存在している．糖尿病患者はあまり砂糖を摂取できないので，果糖（砂糖の異なる形態で蜂蜜中に存在する）またはソルビトールのような甘味剤が開発されてきた．さらに最近では低カロリーまたは「歯にやさしい」チョコレートへの要求が高まり種々の糖代替物が開発されてきている[3]．

2.2.1 砂糖とその製造

ショ糖（サッカロースともいう）は砂糖大根，砂糖キビから製造される．両者どちらからも自然の結晶二糖がつくられる．ショ糖は二つの単糖が化学的に結合しているため二糖と呼ばれる．これら単糖はブドウ糖と果糖であり等量存在し，酸またはインベルターゼと呼ばれる酵素によって分解される．二つの糖の混合物である分解物は転化糖といわれる．

$$\underset{砂糖}{C_{12}H_{22}O_{11}} + H_2O \rightarrow \underset{\substack{転化糖 \\ 果糖+ブドウ糖 \\ （異性化糖）}}{2C_6H_{12}O_6}$$

乳糖も二糖で，ブドウ糖とガラクトースから構成されている．ソルビトールのような多くの糖代替物は糖アルコールである．

砂糖大根には14〜17％のショ糖が含まれている．砂糖大根は洗浄され薄切りにして

ミネラル類と有機不純物と一緒に温水で抽出される．不純物は消石灰の添加によって沈殿として除き，その後溶液に炭酸ガスを吹き込む．これにより過剰の消石灰を炭酸カルシウムとして沈殿させる．固形分を濾過で除き 15％のショ糖溶液が得られるが蒸発によって 65〜70％へ濃縮する．そしてショ糖の精製・結晶化のために真空蒸発，遠心分離が行われる．一つの処理過程で完全にショ糖を回収することは困難で，白砂糖を得るためには異なる三段階，または四段階の処理を必要とする．

砂糖キビは 11〜17％のショ糖を含有する．まず，ローラーミルによって茎を搾り，生果汁を得る．残滓は紙や段ボール，厚紙などの製造に利用される．果汁には砂糖大根の場合より多量の転化糖が含まれており結晶化を困難とする．したがって不純物除去のためには穏和な条件が必要となる．さもなければ望ましくない茶色の砂糖ができてしまう．穏和な条件とは低温または亜硫酸の使用である．溶液の澄明化のために液体サイクロン（Hydrocyclone）および篩いを用いるが，結晶化工程は砂糖大根の場合と同様である．

2.2.2 結晶糖と非結晶糖

結晶糖は非常に純度が高く通常は 99.9％，悪くても 99.7％である．異なる結晶粒子径のものが購入可能で，だいたい以下の通りである：

Coarse sugar	1.0〜2.5 mm grain size
Medium-fine sugar	0.6〜1.0 mm grain size
Fine sugar	0.1〜0.6 mm grain size
Icing sugar	0.005〜0.1 mm grain size

多くのチョコレート製造者は中間微粒糖（medium fine sugar）を使用するが，粒子分布の揃った糖を使用する場合もある．これは最終的なチョコレート流動性を良くするためである（第 5 章参照）．

これらすべての砂糖は結晶状態である．砂糖結晶は数センチに成長可能で，また種々の形態として結晶化できるがどれも光学異方性を持つ．つまり偏光顕微鏡を光が通らないように設定して結晶を観察すると，結晶は光を屈折し明るい画像が得られる（Figure 2.10）．

砂糖はガラス状態，つまり固体ではあるが非結晶状態としても存在できる．良い例がミント味の透明キャンデーである．このような状態はショ糖溶液を急速に乾燥させ，水分蒸散の際に個々の分子が結晶構造を形成する時間がないような場合に生じる．非晶質糖をつくる方法の一つにショ糖溶液の凍結乾燥がある．非晶質糖には光を屈折させるような構造が存在しないので光学異方性はない．砂糖中の非晶質糖を測定するためには別の方法もある（第 12 章，実験 1 参照）．

非晶質糖は香味や流動特性に影響するため，チョコレート製造では重要である．非

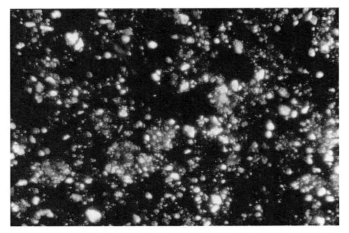

Figure 2.10 偏光顕微鏡で観察した光学的異方性を持つ砂糖粒子

晶質糖の表面は非常に反応性が高く，近傍に存在する香気を容易に吸収する．非晶質糖は結晶糖からも高温で生成する．この現象は砂糖の粉砕中にも生じると思われる．もしも砂糖近傍に他の物質が存在しなければ，砂糖は金属臭を吸収するであろう（これはフードミキサー中で砂糖を微粉砕しその砂糖を水に溶かしてみればわかる．元の砂糖と比較すれば金属臭がするであろう．）．一方，砂糖をカカオと一緒に粉砕すれば，そうでない場合に揮散するカカオの揮発性成分の一部が非晶質糖に吸収されるであろう．そしてより香味の強いチョコレートができることとなる．砂糖の粉砕にあたっては，特に砂糖のみを粉砕する場合は爆発の危険がある点に注意しなければならない．

非晶質は不安定な状態なので水分があれば結晶状態へ移行しようとする．すると結晶砂糖は無水物なので水は排出される．チョコレートの約半分は砂糖なので，チョコレート中の粒子は互いに非常に接近している．表面の水分はこれら粒子同士を接着させ，砂糖骨格が形成される．これは油脂が融解し流出しても互いに支えあっている．この現象が暑い気候で販売するのに適したチョコレートを製造する方法の原理である．チョコレートが固化していない場合は砂糖表面の付着性が液状チョコレートの粘度を非常に高めることになる．

結晶糖も環境条件によっては水分を吸収する．したがって貯蔵条件は水分吸収曲線によって定めなければならない．Figure 2.11 には20℃での曲線を示した．前述したように平衡相対湿度は，水分吸収も放出もない相対湿度である．図より，相対湿度が20～60%において砂糖水分は0.01～0.02%であることが分かるが，高湿度では水分は急激に上昇する．吸湿した糖は微生物的汚染の危険が高い．また，その後に湿度が低下しても粒子は凝集し塊となる．

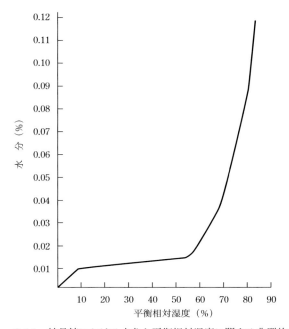

Figure 2.11 結晶糖における水分と平衡相対湿度に関する典型的な曲線

チョコレート工場では砂糖は何トンも入る大きなサイロで貯蔵される．したがって貯蔵条件に細心の注意を払わなければサイロ内で固結し排出不能となってしまう．まれではあるがサイロ内の空気を除湿することもある．

2.2.3 乳　糖

乳糖は，ショ糖と同様の二糖であるがこれは単糖のブドウ糖とガラクトースが結合したものである．乳糖は牛乳の成分（次項参照）なのですべてのミルクチョコレートに存在する．また，ショ糖の一部を代替するために結晶乳糖も用いられることがある．乳糖はショ糖よりも甘味度が非常に低いのでチョコレートの甘味を低下させることができる．結晶は一水和物，つまり一分子の水を含み100℃でも結晶水は失われない．乳糖には二つの結晶形，α-乳糖及びβ-乳糖がある．α型は通常の方法で得られるもので，β型と比べてわずかに甘味が少なく溶解度は少し低い．両者とも吸湿性はなく，つまり水を吸収しない．しかし非晶質乳糖は極めて吸湿性が高い．

スプレードライ粉乳として乳糖が加えられる場合，通常は非晶質乳糖である．これは第12章の実験1で示される．このガラス状態は少量の乳脂を保持するのでチョコレートの流動性に寄与しないことになる（第5章参照）．

高温で乳糖はメイラード反応，または褐変反応といわれる反応に関与する．この種の反応は食品を焼いた際に加熱調理臭を生成する反応であり，詳細は第3章に述べる．

ある種の人には乳糖不耐症がある．これらの人の体は乳糖に反応するので，乳製品の摂取量が制限される．

2.2.4 ブドウ糖と果糖

これらの単糖が結合するとショ糖となるわけであるが，通常はチョコレート製造には用いられない．ブドウ糖はデキストロースともいわれ一水和物として結晶化し，完全に乾燥するのは非常に難しい．通常，少量の水を含み周囲から急速に水分を吸収する（非常に吸湿性が高い）．この水分吸収によって糖粒子を互いに付着させるので融けた液状チョコレートは非常に粘性の高いものとなる．

果糖も非常に吸湿性が高い．これは天然には果実や蜂蜜中に見出される．また糖尿病患者向けの特殊なチョコレートに使われる．果糖はショ糖のように血糖値を上昇させないからである．しかしその製造には，特に温度と湿度に関して特殊な製造条件が必要である．

2.2.5 糖アルコール類

糖アルコール類（多価アルコール類）は低カロリーチョコレートや砂糖なしチョコレートをつくる際にチョコレート中の砂糖に代替して使用される．ショ糖の熱量は通常4.0 kcal/g（17 KJ/g）である．糖アルコールは種類によって異なるが，ヨーロッパでは法的に2.4 kcal/g（10 KJ/g）とされている．果糖と同様，糖アルコール類は糖尿病患者に向いているが，非う蝕性チョコレートを作るのにも適している．いいかえれば歯に悪影響を与えないチョコレートを作ることができる．これらのうちの一つであるキシリトールは多くのきのこ類や果実中に存在するが，口中のほとんどの細菌によって発酵されず，ある国では歯に有益であるとみなされている．

その他の一般的な糖アルコールにはソルビトール，マンニトール，イソマルト，ラクチトールがある．このうちのあるものは凝集塊生成を防ぐために，低温でのチョコレート製造が必要である．すべての糖アルコール類には緩下性がある．EU食品科学委員会はこの点を重要視しているが20 g/日の摂取では害がないとしている．

糖アルコールは種類によって甘味度に大きな違いがある．ショ糖と比較した比甘味度をTable 2.1にまとめた．ソルビトールのような糖アルコール類の甘味度を調整するためにアスパルテームなどの高甘味剤を使用する場合がある．

物質を水に溶解する際，エネルギーが必要な場合がある．ショ糖がこれに該当し（第12章の実験1参照），分子が分離し溶解する際に水が冷却される．この現象は糖アルコール類では大きい．Table 2.2に比冷却効果を示したがキシリトールでは特に大きい．チョ

Table 2.1 糖及び糖アルコール類の比甘味度（Kruger[3]）

糖	比甘味度
シュークロース	1.0
フルクトース	1.1
グルコース	0.6
キシリトール	1.0
マルチトール	0.65
ソルビトール	0.6
マンニトール	0.5
イソマルト	0.45

Table 2.2 糖類の比冷却効果（Kruger[3]）

糖	比冷却効果
シュークロース	1.0
ポリデキストロース	−2.0
ラクチトール（無水）	1.4
イソマルト	2.1
マルチトール	2.5
フルクトース	2.6
ラクチトール（一水和物）	3.0
ソルビトール	4.4
キシリトール	6.7

コレートには冷感が期待されていないので，この性質は一般に望ましいものではない．

2.2.6 ポリデキストロース

ポリデキストロースは多糖類（いくつかの糖が結合している）であり，多くの低カロリーチョコレートに使用されている．その熱量は，ヨーロッパでは法的に 1 kcal/g とされている．つまり糖アルコール類の半分以下であり，緩下性も非常に小さい．これは単糖のグルコースと少量のソルビトールで構成されている．非結晶性のため水に溶解すると発熱する（非晶質ショ糖と同様である．第12章の実験1参照）．つまり口中で唾液に溶ける際に熱を感じることとなる．また口中を乾燥させる性質を有し，チョコレートが固くなって嚥下しにくくなることがある．

2.3 乳及び乳成分

多くの国ではダークチョコレートやホワイトチョコレートよりもミルクチョコレートが好まれている．ミルクチョコレートはダークチョコレートよりも柔らかく，クリーミーな味と食感を呈する．

牛乳の大部分は水だが，先述したように水は液体チョコレートの流動特性を破壊するため無水成分しか使用することができない．牛乳には典型的には 13.5% の固形分があり，その組成を Figure 2.12 に示した．最も多いのは 5% 弱を占める乳糖で，前項に記したように二糖類である．乳脂と乳タンパクはほぼ等量の 3.5% 含まれる．ミネラル類は約 0.7% で，特にカルシウムは非常に健康に良いとされている．

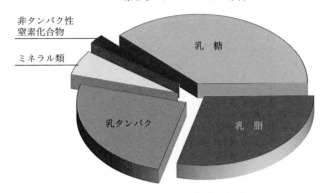

Figure 2.12 粉乳の組成

2.3.1 乳　脂

これは脱水乳中で二番目に多い成分であり，またミルクチョコレートにその独特の食感と香味発現をもたらす重要な成分でもある．さらにスナップ性を変化させ，チョコレート表面に生じる白い粉状物質の生成を抑制する．これは「ブルーム」と呼ばれ，大きな油脂結晶でできている（第6章参照）．

液状チョコレート中に油脂が多く存在すれば，菓子製造の際にも口中でも流動性は高まる．油脂は比較的高価なので製造者は存在する油脂を最大利用することが必要となる．

乳脂は室温でほとんど液状なので，固いチョコレートとするためにはその使用量は限定される．事態を悪くするものに，油脂共融という現象がある．これは二種類の油脂を混合した際に，混合物が予想よりも柔らかくなる現象である．その詳細は第6章に述べる．しかしこの軟化効果により，ココアバターよりも固い油脂がある場合，口中でのワキシー感を低減させることができる．乳脂分画物も入手可能で，これは高融点または低融点画分を分別したものである．ある分画物は通常の乳脂よりも固いチョコレートをつくることができるとされている．またある画分はより良いブルーム耐性をもたらすと考えられている．

乳脂の98％はトリアシルグリセロール（トリグリセライド）で，三つの脂肪酸がグリセロール分子に結合したものである．その他の構成物はリン脂質（主にレシチン），ジアシルグリセロール（ジグリセライド：グリセロールに二分子の脂肪酸が結合したもの）及びステロール類である．乳脂中の典型的な脂肪酸組成を Table 2.3 に示した．

乳脂は酸化または酵素による分解（加水分解）を受けやすいので保存性に限界がある．酵素は酸の短鎖遊離脂肪酸への分解を加速する．これは不快な酸臭を示しチョコレー

トは食べられなくなる．この種の反応がココアバターで生じても生成する酸はほとんど無味なのでチョコレートは摂取可能である．

酸化の初期過程は過酸化物（-O-O-）の生成であり，これ自体には味がないが分解すると不快臭が発生する．存在する過酸化物量の測定は，劣化の初期段階を検出するために行われる．乳脂を長期間保存するためには酸素との接触を最少にしなければならない．このために包装中の空気を窒素と置換したり，酸素非透過性の包材が用いられたりする．冷蔵保存が望ましく，酸化反応の触媒として作用する銅や鉄の存在は避けなければならない．

Table 2.3 乳脂の脂肪酸構成（Haylock and Dodds[4]）

脂肪酸		重量（%）
$C_{4:0}$	酪酸	4.1
$C_{6:0}$	カプロン酸	2.4
$C_{8:0}$	カプリル酸	1.4
$C_{10:0}$	カプリン酸	2.9
$C_{10:1}$	デセン酸	0.3
$C_{12:0}$	ラウリン酸	3.5
$C_{14:0}$	ミリスチン酸	11.4
$C_{16:0}$	パルミチン酸	23.2
$C_{18:0}$	ステアリン酸	12.4
$C_{18:1}$	オレイン酸	25.2
$C_{18:2}$	リノール酸	2.6
$C_{18:3}$	リノレン酸	0.9
その他		10.0

2.3.2 乳タンパク類

これらはチョコレートの栄養成分として添加されるばかりでなく，チョコレートの香味や食感，流動特性を決定する重要な成分でもある．ミルクチョコレートはクリーミーさを有しているが，それはこれらタンパクと豆に由来する酸性香味やロースト呈味とのバランスの上に成り立っている．もしもタンパク含量が減れば製品のクリーミーさは減じるであろう．また，乳糖と同様，水と熱によってメイラード反応（褐変）を担いチョコレートに加熱調理香味を付与する．

乳にはカゼインとホエーという二種類の異なるタンパクが含まれている．カゼインはホエーの4倍から5倍存在する．これらの性質のいくつかを Table 2.4 にまとめた．

カゼインは乳化剤として作用する．つまり二つの異なる相の界面に作用する．チョコレートでは固体粒子と油脂との間に作用するものと思われる（第5章のレシチンを参照）．カゼインの本当の役割は解明されていないがカルシウムカゼイネートがチョコレート粘性を低くすること，同様配合でホエータンパクでは粘性が高くなることが確かめられている．カゼインの水分結合性もチョコレートの流動性には有益であろう．

カゼインはチョコレートのある種の香味を増強するが，それ自体の香味は特に良いものではなく，他の菓子では望ましくないものと思われる．

Table 2.4 乳タンパクの性質

カゼイン	ホエー
水を結合する	広いpH範囲で可溶
熱に安定	熱により変性
開いた構造	球状
油脂と結合する	

2.3.3 粉乳類

牛乳は種々の粉体として乾燥することができる．Figure 2.13にはチョコレート製造に用いられる乳製品の製造過程を示した．

チョコレート製造に使用される最も普遍的な原料は脱脂粉乳と全脂粉乳である．前者ではチョコレート製造工程で乳脂が添加されるので，両者は結局同様の乳構成成分を含有することとなる．しかしこれらは異なる香味，食感，液体の流動特性をもたらす．それは一つには乾燥時の熱処理条件が異なることによるが，大きな原因は油脂の存在状態の違いである．脱脂粉乳と乳脂を混合した場合，すべての油脂は遊離しており，他の粒子やココアバターと相互作用する．しかし全脂粉乳中では乳脂は個々の粒子中に固く結合している．つまり全脂粉乳では流動特性を良くしたり，ココアバターを軟化させる遊離した乳脂が少ないのである．

長年にわたって粉乳は熱ローラー上で乾燥されてきた．しかしこの機械は高価で衛生状態を維持することが困難であるため，現在はほとんどの粉乳は噴霧乾燥で製造されている．噴霧乾燥では水分約50％まで前乾燥されたものを，表面積を大きくするために霧状（atomised）とする．液滴は乾燥塔中で熱風に曝される．熱風は水分蒸発のための熱供給と共に，粉体の運搬役も兼ねており，サイクロン分離機（高速で回転する空気から遠心力で粒子を分離する．袋の無い真空掃除機と同じ．），またはフィルターで集められる．このようにして得られた粉体はFigure 2.14に示したように微粒子で穴の開いた球状となる．この形状はFigure 2.15に示したローラードライ粉乳の鱗片状粉体とは大きく異なっている．

チョコレート中の油脂が液状の時，流動，すなわち口中で動くためには粒子は互いにすれ違わなければならない．異なる形状の粒子では異なる動きをするため，粘性に

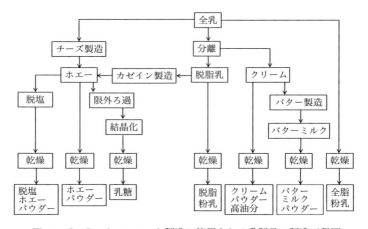

Figure 2.13 チョコレート製造に使用される乳製品の製造工程図

影響を与えるであろう．球状粒子は油脂のほとんどを内部に包含しているがローラードライ鱗片は表面に油脂が存在する．つまりローラードライ粉乳では噴霧乾燥粉乳よりもチョコレートが柔らかくなり，流動性も高くなることを意味している．噴霧乾燥において粒子の結晶性を高くし油脂を放出しやすくするような調整も可能である．

乳は加熱調理香味を付与するために，噴霧乾燥前に熱処理することもできる．さらに油脂を追加することも可能で，これによってチョコレート製造者は製造工程で油脂添加を行う必要がなくなる．

その他には砂糖を添加したもの，チョコレートクラムがある．

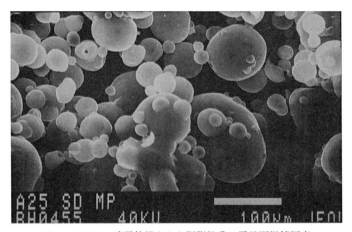

Figure 2.14 噴霧乾燥された脱脂粉乳の電子顕微鏡写真

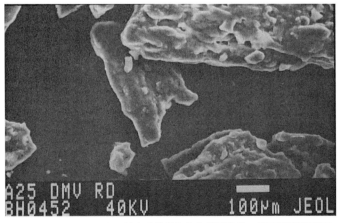

Figure 2.15 ローラードライ乾燥された脱脂粉乳の電子顕微鏡写真

2.3.4 ホエー及び乳糖

これら両者ともに特定のチョコレートやコーティング製造に使用される．これらはチーズやカゼイン製造の副産物であり砂糖よりも甘味が低いという特徴を有している．したがって，甘味度を下げる必要がある場合には砂糖の一部を代替することができる．

製造するチーズの酸度（pH）はホエーパウダーのミネラル含量に大きな影響を与える．通常，ホエーの酸度が高いとミネラル含量も高くなる．これはチョコレートに異味を与えるので脱塩ホエーパウダーの使用が望ましい．

ホエーからタンパクを除き，濃縮し結晶化させたものが乳糖である．

2.4 チョコレートクラム

第1章で述べたように，チョコレートクラムはカカオ中の抗酸化性物質を利用し長期保存性を持つミルク含有チョコレート原料としたものである．またチョコレートにわずかな加熱調理香味を与えることもできる．

クラム製造には多くの手法があるが，すべての場合で最終水分は0.8～1.5%とすることが必要である．この水分値では水分活性（平衡相対湿度を100で除したもの）は非常に低いので微生物が生育できないからである．貯蔵場所にも注意しなければならない．それは糖と同様，湿度の高い環境では水分を吸収するためである．

製造方法としては新鮮乳または濃縮乳に砂糖を溶解する方法，または砂糖と粉乳の混合物に水を加える方法がある．これを多段乾燥機で固形分80～90%まで乾燥する．さらに粉砕したカカオ豆（カカオリカー）を加え，バッチ式または連続式で真空乾燥する．この段階では熱と水分，乳糖，タンパクが共存するが，それはメイラード反応の起きる理想的な条件である．そしてクラムは茶色となりキャラメル様香味が生じるのである．この香味は砂糖を単体で加熱した場合とは全く異なるものである．この後の工程ではほとんど水分がないので，この種の香味を得るのは不可能である．

世界中で多く市販されているミルクチョコレートは似た原料でつくられているが，非常に異なる香味を持っている．ある製造者は特徴的な「独自の味（house flavour）」を持っている．これはキャドバリーとハーシーが有名である．このような差異はクラム製造段階での違いに由来することが多い．つまりクラム製造時の保持時間や酸度，温度が最終チョコレートで大きく異なる香味を発現するのである．このため，チョコレートクラム製造条件は秘密にされていることが多いのである．

参照文献

1. M. S. Fowler, Cocoa Beans: From Tree to Factory, in *Industrial Chocolate Manufacture and Use*, ed. S. T. Beckett, Blackwell, Oxford, UK, 3rd edn, 1999.
2. P. S. Dimick and J. C. Hoskin, The Chemistry of Flavour Developmnt in Chocolate, in *Industrial Chocolate Manufacture and Use*, ed. S. T. Beckett, Blackwell, Oxford, UK, 3rd edn, 1999.
3. Ch. Krüger, Sugar and Bulk Sweeteners, in *Industrial Chocolate Mnufacture and Use*, ed. S. T. Beckett, Blackwell, Oxford, UK, 3rd edn, 1999.
4. S. J. Haylock and T. M. Dodds, Ingredients from Milk, in *Industrial Chocolate Manufacture and Use*, ed. S. T. Beckett, Blackwell, Oxford, UK, 3rd edn, 1999.

さらなる読み物

G. A. R. Wood and R. A. Lass, *Cocoa*, Longman, Harlow, 4th edn, 1985.

第3章　カカオ豆処理

　伝統的にカカオ豆は，温帯地方にあるチョコレート製造国へ輸送されてきた．しかし，カカオ生産国におけるカカオマス生産も増大しつある．カカオマスは輸送が容易という利点がある．それは前述したような船での輸送中の豆への水分影響の問題がないからである．さらに，基本的には廃棄物となるシェルをただ捨てるために何千マイルも運ぶ必要がなくなる．欠点は，チョコレート製造者にとって，最終チョコレートの香味に影響する処理時間や温度などの管理が行き届かないことである．一つの解決法は，産地国でカカオ豆の部分処理を行い，最終処理をチョコレート工場で行うものがある．処理をどこで行うにせよ，クリーニング・シェル剥離・ロースト処理が施される．

3.1　豆クリーニング

　多くのカカオ豆は地面上で乾燥されるため，カカオ豆には砂や石，鉄，植物組織などが混入している．これらは二つの理由で除かねばならない．一つはこれらの異物の多くは非常に固く，カカオ豆粉砕に使われる設備に損傷を与えるからである．二番目に有機質の異物はロースト中に燃焼しカカオ香味を損なうガスを放出するためである．したがってクリーニングはチョコレート製造工程の初めに行われる．

　通常，種々の異物を除去するために異なる手法が採られる．鉄は磁石で除かれ，埃は吸引で除去される．石はカカオ豆に近い大きさであるが密度が異なるため，水平に設置された格子の上で振動させ，格子に空気を通過させるとカカオ豆は石よりも浮き上がる．石は振動する格子の近くに存在するので上方へ移動し，収集袋へと落ち込む．カカオ豆は気流によって下方へ移動し，次工程へと搬送される．

3.2　ローストとウィノーイング

　胚乳部（ニブ）はチョコレートとする前にローストしなければならない．この工程によって香気前駆体が真のチョコレート香味物質へと変化するのである．さらに，カカオ豆中の水分と高温によってサルモネラなどの微生物を死滅させる．これら微生物は，開放状態で乾燥されたカカオ豆へ汚染している可能性の高いものである．

　多くの製造者はHACCP（危害分析による制御技法）を採用している．つまりチョコレー

ト製造工程のすべてが消費者にとってどのような害もないように行われていることとなる．カカオ豆が搬入された際に細菌などに汚染されていると思われる場合，危険が完全に取り除かれるまで，すべての豆を害のあるものとして扱う必要がある．ロースト過程がこれに相当し，ローストされればカカオは完全に安全となる．この工程は限界制御点（CCP）と呼ばれるが，ここでの豆の分析はそれを確認するものである．

したがって，主たる危険は未処理のカカオ豆が工場の他の部分に混入することとなる．そのため，クリーニングなどのロースト前処理は別棟の建物で行われるのである．作業者も工場の他の部署へ入るためには作業着の着替えが義務づけられる．

3.2.1 カカオ豆サイズの問題

カカオ豆の大きさは産地や気象条件，ポッドの収穫時期，その他多くの要因によって大きく異なる．過去においては，カカオ豆は球形ロースター（Figure 3.1）を用いて数百キロ単位の小さなバッチでローストされていた．作業者はロースターまたは付属の冷却皿から数粒のカカオ豆を採取し，カカオ豆の臭いを評価し適正な香味が発現するように温度と時間を調整したものである．また，バッチ内でカカオ豆が同じような大きさとなるような操作も行われた．一時間に数トンのカカオ豆を処理するような現在の工場では，このような方法はもはや不可能である．

カカオ豆の大きさが違うことにより引き起こされる問題を Figure 3.2 に示した．この図より，ロースト条件が平均的な豆サイズに設定された場合，小さい豆は過ローストとなり，一方大きな豆の中心部は十分にローストされないことがわかる．後者の場合，香気前駆体のすべてが反応せずチョコレート香気が少なくなることを意味する．豆が小さい場合，期待される香気ではない他の香気物質も生成することとなる．

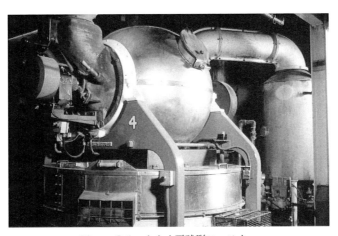

Figure 3.1 カカオ豆球形ロースター

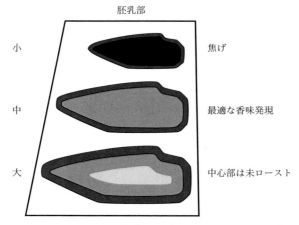

Figure 3.2 ロースト程度に及ぼすカカオ豆サイズの影響

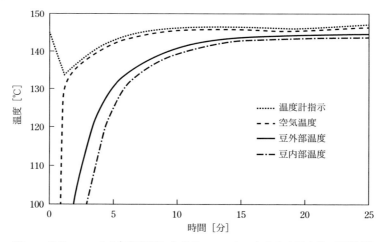

Figure 3.3 ロースト初期段階におけるロースターとカカオ豆内部の温度変化

　大きな豆における問題を Figure 3.3 に示した．これはロースターの内部温度とカカオ豆の各部位の温度を測定したものである．比較的長時間 (15 分) たってもカカオ豆中心温度は外部温度とは隔たっていることが示されている．大きさの異なる豆において生成する香味物質の違いは，HPLC (第 8 章参照) などによる分析によっても示される．
　この問題を解決するために二つの方法が開発されている．一つは豆を小さく砕くことで熱を内部へ伝わりやすくしローストする方法である．これはニブロースト法として知られている．もう一つの方法は，ニブを微細に粉砕しカカオマスとするものである（リカーロースト）．この状態ではココアバターはカカオ豆細胞から自由化されている

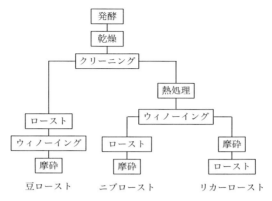

Figure 3.4 三種類のカカオ豆ロースト手順

ので温めると液体となる．この液体をローストするためリカーロースト法と呼ばれる．種々のロースト方法を Figure 3.4 に示した．

これら両方法ともロースト工程前にシェルを除かねばならない．カカオ豆はしばしば地面上で乾燥されるのでシェルには砂が付着していることが多く，この処理は注意深く行わねばならない．シェルとともに砂は非常に固く，チョコレート製造のすべての磨砕装置に損傷を与えるからである．更にチョコレート中にはわずかなシェルしか混入してはならないという法的規制もある．また，シェルはチョコレートへ好ましくない香味も与える．シェル中に存在する少量の油脂はココアバターとは異なり乳脂様であり（第2章及び第6章参照），チョコレートに軟化効果を及ぼす．

3.2.2 ウィノーイング

ウィノーイングはカカオ豆からシェル及びジャームを取り除く工程である．名前からも分かるように，これはトウモロコシをもみ殻から分離する方法と同じ原理のものである．

シェルとの分離を容易とするため，胚乳部（ニブ）はできるだけ大きな破片とすることが望ましい．シェルと混在する細片は，シェルとともに捨てられるのでウィノーイングを適正に行うことは経済的にも非常に重要である．

まず初めに，壊れた豆は更に細片としないように最初に分離され，直接分離工程へ移される．残った豆は個々に高速衝撃板で破砕され，振動篩いへ移される．

シェルは大部分が繊維で平板状の形態をしている．一方ニブはより粒状で半分以上が油脂であるので密度が高い．これらが一緒に振動を受けるとシェルは上部に浮いてくる（カカオ豆と石の分離の項を参照）．この混合物中を空気が上へ流れると，軽く大きな表面積を持つシェルは浮き上がり，ニブは落下して次工程へと移されるのである．こ

の原理は第12章の実験2で示す．

3.2.3 豆ロースト

この方法は依然として多くのチョコレート製造者によって採用されている．本法の利点はローストによりニブからのシェル分離が容易になる点にある．つまり破砕とウィノーイングが簡単となる．

しかし豆の大きさが異なることによる問題以外に二つの欠点がある．加熱されるとココアバターは融解するが，融解したココアバターの一部はシェルへ移行しウィノーイングでシェルと共に廃棄されてしまう．このようにして失われる量はおよそ0.5%に達する．また，シェルを通じてニブを加熱するために余分なエネルギーが必要となる．さらにシェルを加熱するエネルギーは全く無駄となる．他のロースト法と比較し余分なエネルギーは44%にのぼると試算される．

3.2.4 ニブローストとリカーロースト

加熱される前のカカオ豆では，シェルは胚乳へ比較的強固に接着しているため，通常はウィノーイング前にある種の熱処理が必要とされる．その方法は，カカオ豆を飽和水蒸気または強力な赤外線照射に短時間曝すものである．これにより表面は加熱されるが，カカオ豆内部は低温であり香味変化は生じない．豆内部の水分は蒸発し外側のシェルを膨化させるので，破砕工程でシェルの剥離が良くなる．

ニブローストに用いられる装置は豆ローストのものと非常に似ている．しかしリカーローストでは，ニブを微粉砕し液状としなければならない．ここでは厳密な水分制御が必要となる．水分が高いとカカオリカーは増粘しペースト状となり液体ではなくなる．少量の水でもセルロース-タンパク-油脂系と激しく反応し，水分が10%では磨砕できないほどの固体状となってしまう．しかし水分が低すぎるとチョコレート香味の弱いものとなる．ロースト過程で香気前駆体は，存在する水分量によって種々の反応経路をとるためである．非常な低水分では前駆体は望ましい反応物を生成しない．

3.2.5 ロースター

ロースト工程はバッチ式または連続式に行われる．球形ロースター（Figure 3.1）の代わりには，ドラム型（Figure 3.5）が良く用いられる．これらは一バッチで3トンのカカオ豆を処理できる．熱は壁を通して外部から，またはドラム中に加熱空気を通すことで与えられる．

微生物殺菌のためには水及び熱が必要である．これらのロースターは殺菌効率を上げるために水や蒸気を添加できるように設計されている．しかし過剰の水は必要な香

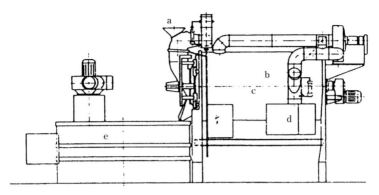

Figure 3.5 バッチ式ロースター (Barth Ludwigsburg GmbH & Co., Germany)
(a) 投入口, (b) 反応ドラム, (c) アルカリ液噴射管, (d) ガスまたは油加熱, (e) 冷却器. (Heemskerk [1])

気も不要な香気も除去してしまうため, 適正なローストが生じる前に, 豆を再び乾燥させねばならない点に注意する. 既述したように, 過乾燥も良くない. 通常, ローストするために温度は110～140℃に上げる. この時点で水分は3%以下となる. ロースト過程全体では45分から1時間を要する. ロースト後カカオ豆またはニブは通常, 外部の冷却器で冷やされる.

多量の豆やニブを処理する場合, 連続式装置が用いられる. 典型的な連続装置をFigure 3.6に示す. カカオ豆は上部の棚へ一定量(バッチ式に)供給される. この棚は何枚かの薄板で構成されており, その間を加熱空気が流れる. 一定時間後, 下部から順番に薄板は傾き, 上部へ新しい豆が供給される. このようにして豆は下の棚へと落下しロースター内部を通過するのである. 最下段の棚では急冷却が行われる. この種のロースターでは多量の加熱空気が流れるのでロースト中に水分と共に必要な揮発性香気が失われないように注意が必要である.

リカーローストは特別設計された装置で行われる. それは内部で高速回転する長い筒の中で熱いカカオリカーを薄膜として広げるものである. 筒には回転子と撹拌翼が装着され, カカオリカーが過熱されないように連続的に撹拌, 表面かきとりをする. この処理過程はわずか1～2分である.

3.2.6 ロースト中の化学的変化

ローストしないカカオ豆は通常, 非常に苦くて渋い. ロースト中の高温と乾燥によって多くの揮発性物質, 特に酢酸が除かれ, ニブまたは豆の酸味が減少する. 揮発性の低いシュウ酸や乳酸はロースト過程で大きな変化がない.

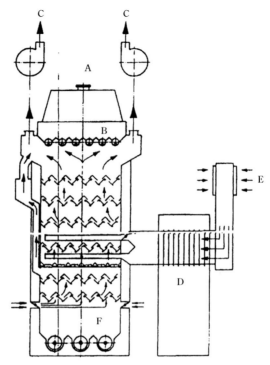

Figure 3.6 連続式 豆/ニブロースト装置（Lehmann Maschinenfabrik GmbH, Germany）.
(A) 原料供給, (B) 供給ロール, (C) 排気ファン, (D) 空気加熱器, (E) 空気フィルター, (F) 排出スクリュー.（Heemskerk[1]）

3.2.7　メイラード反応

　この反応は非酵素的褐変ともいわれ, 食品産業全般で食品品質において重要であり, 焙焼やトースト, ローストした際に製品に特有の色や香味を付与するものである. これは多くの低分子化合物が数百の反応, 反応中間物をつくる非常に複雑な反応である. 反応中間物自体にはほとんど香味はない. 反応中間物のあるものは他の反応の触媒として作用し, あるものは生じている特定の反応を停止させたりする.

　反応速度を著しく高めるためには熱が必要である. この生成物は, 中身をよくかき混ぜずに食品をフライパンで焦がしたときの味として観察できる. ブドウ糖のような還元糖及びアミノ酸, ペプチド, タンパクに加えて水も必要である. カカオ豆は発酵前に約12〜15％のタンパクを含んでいる. しかし発酵における熱と酸によってタンパクはアミノ酸へ分解し前駆体となり, ローストによってチョコレート香気へと変化する.

　メイラード反応の基本経路をFigure 3.7に示した. すべての反応はpH＞3で生じる

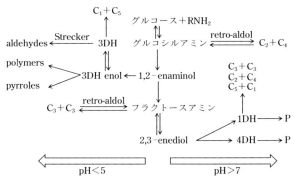

Figure 3.7 メイラード反応の基本経路 [2]

が，その場の pH によって生じる反応が異なる．左側の反応は主に香気生成経路である．糖は炭素数の小さな分子へと分解される（C_1, C_2 など．炭素数に注意）．大切な反応中間物は 1DH, 3DH, 4DH であるが，これらはそれぞれ 1-, 3-, 4-deoxyhexosuloses 及びジカルボニル化合物である．右側の反応経路は香気ではなく主に色素生成に関するものである．

ストレッカー反応はアミノ酸からの反応でアルデヒドの生成を含み，このうちのいくつかはチョコレート香味の一部となるが大部分は無味無臭である．これには，グリシンというアミノ酸とグリオキサール（glyoxal;1,2-dioxo compound）との反応を含む．その結果，六員環に二つの窒素原子を含むピラジン類が生じる．生成するピラジン類の量はロースト温度と時間に大きく依存する．これらの定量はカカオリカーのロースト程度の指標として使用されている（第 8 章参照）．

チョコレートに特徴的な香気は，ブドウ糖とロイシン，スレオニン，グルタミンとの 100℃以上での反応でも生じる．より高温では鋭く刺激性のある香気となる．

3.3 カカオニブの粉砕

カカオニブ粉砕には二つの目的がある．一つはチョコレートを作るためにカカオ粒子を十分に細かくすることである．チョコレート製造では後に別の磨砕工程があるため，この段階ではさほど細かく粉砕する必要はない．第二の目的はより重要で，胚乳からできる限り多くの油脂を遊離させることである．この油脂はチョコレート製造段階及び口中での融解時に流動性を良くするために必要だからである．また油脂はチョコレート原料中で最も高価であり，経済的にも存在する油脂を最大限に使用することが重要となる．油脂は細胞（平均長 20〜30 ミクロン，幅と高さは 5〜10 ミクロン）中に含まれている．

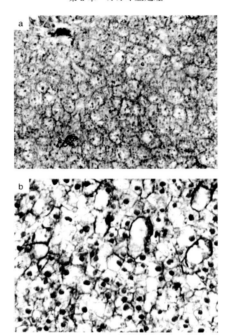

Figure 3.8 顕微鏡観察したカカオ豆断面（油脂は黒く染色してある）．
(a) 水中油滴型乳化（o/w），(b) 油中水滴型乳化（w/o）

　Figure 3.8 に顕微鏡で観察したカカオ豆の二つの断面写真を示す．油脂は暗色となるように染色してある．水が油脂と同時に存在する場合，両者は混じり合わず二つの形態として共存する．一つは油中水型（w/o）乳化で，油脂が水滴を取り囲んでおり，もう一つは水中油型（o/w）乳化であり水中で油滴となる．これらは水と油の界面を形成するリン脂質（グリセロールリン酸）によって安定化される．リン脂質は乳化剤とも呼ばれる（第5章参照）．カカオニブ中にはレシチンという乳化剤が存在する．カカオ細胞中には二種類の乳化系が存在し，Figure 3.8a はほぼ o/w であるのに対し Figure 3.8b は逆相（w/o）となっている．

　粉砕の目的はチョコレート中の非油性粒子を油脂で被覆するために，カカオ細胞内の油脂を取り出すことにある．油脂は細胞を破壊することによって遊離する．細胞中には，新たに破砕された細胞片を被覆する以上の油脂分が存在する．このことは摩砕によって細胞の大きさが小さくなっても，より多くのフリーファットができるのでカカオリカーの粘性は低下することを意味している．しかし，次第に放出される油脂量は減少し，過粉砕すると油脂で被覆すべき新規表面が増えるだけになってしまう．その結果，カカオリカーは再び増粘する．この現象を Figure 3.9 に示した．

　細胞壁は主にセルロースから構成されているが，油脂がセルロースを通過する速度

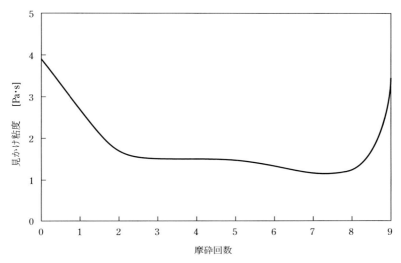

Figure 3.9 異なる粒度に磨砕したカカオリカーの粘度

は水分含量に依存する（第12章の実験3参照）．ココアパウダー製造において油脂を搾る際，リカーに多少の水分を添加することで搾油しやすくなる．しかし磨砕時には，既述したようにカカオリカーの流動性を良くするために水分量は低い方が望ましい．

3.3.1 カカオ粉砕機

ニブはおよそ5 mmの大きさから30ミクロン以下に粉砕することが必要である．つまり粒子は1/100以下に粉砕されねばならないことを意味している．ほとんどの粉砕機は1/10程度への粉砕が効率的なので，少なくとも二段階の粉砕工程が必要となる．また，ある種の粉砕機は固体の粉砕に向き，あるものは液体の粉砕に適している．つまり，カカオは通常二回粉砕することが必要で，第一段では衝撃ミルによって油脂を融解させて数百ミクロンの粒子を含む液状物を得る．第二段では液体粉砕用のボールミルまたはディスクミルを使用する．ディスクミルは製粉機と同様の原理で，液状または固体のいずれにも使用できる．粉砕されたカカオ粒子にはカカオ由来のデンプンが約7%含まれているが，この大きさは2〜12.5ミクロンなので粉砕工程では破壊されない．カカオリカーの10%はセルロースで，これより若干多いタンパクも存在する．

ココアパウダー製造のためにカカオリカーを搾油する場合には，チョコレート用ほどには微細化されない．それは非常に細かいカカオ粒子はココアプレス機のフィルター目詰まりを引き起こし搾油が困難となるからである．しかしチョコレート製造では細胞からできる限りの油脂を出すことが有益となる．

3.3.1.1　インパクトミル（衝撃粉砕機）

衝撃粉砕機とは高速で動くピンまたはハンマーでカカオニブを叩いて粉砕するものである．粒子はシーブまたはスクリーンに当たることもある．ココアバターは粉砕機そのもの，または衝撃によって融解し，微粒子と共に篩いを通過し排出される．大きな粒子は装置内に残り，篩いを通過するまで次のピンまたはハンマーで衝撃を受け続ける．

3.3.1.2　ディスクミル

ディスクミルは三組の炭化ケイ素（carborundum）ディスクで構成されている（Figure 3.10）．カカオリカーまたはニブは最上段ディスクの中央部に供給される．ディスクは一枚が固定でもう一枚が回転している．ディスクには圧力がかけられており，カカオリカーはディスクの間を遠心力で外側へと通過する際に，強力なシアにより多くの粒子から油脂が放出される．その後カカオリカーはシュートにより中段のディスクに供給され，さらに最下段へと流れる．

3.3.1.3　ボールミル

世界のカカオの大部分はボールミルを使って磨砕されているが，これは液状物しか粉砕できないため，この処理に先だって衝撃ミルが用いられる．この粉砕機には多数のボールが入っており，格納容器内での回転運動や，回転する中心軸に設置されたロッドの作用によりお互いが接触して動いている（Figure 3.11）．ボールは衝撃力を持って回転しているので（Figure 3.12），ボール間に捕捉された粒子は回転動作のシアによって破砕されるのである．油脂中で小さな粒子は，動くボールの押す力によってより速く移動するが，粗大粒子は動きが遅いために粉砕される．直径数百ミクロンの大きさ

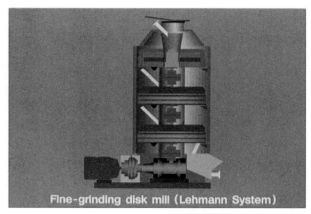

Figure 3.10　トリプルディスクミルの構造（Lehmann Maschinenfabrik GmbH, Germany）

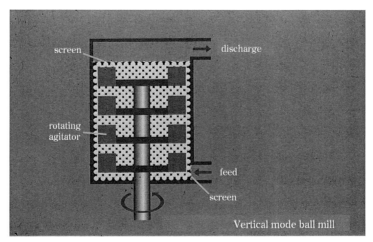

Figure 3.11 撹拌ボールミルの概略図

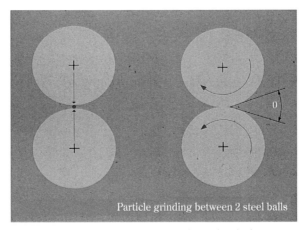

Figure 3.12 ボールミル中の磨砕動作の概念図

を持つ粗いカカオリカーでは，ボール径は 15 mm が適当であろう．微細リカーを製造する場合には，二基のボールミルを直列に用いることがある．この場合，どちらの装置も 2 mm 程度のボールを用いる．ボールが小さいほど，一定の容積にたくさん充填されるため，二つのボール間に粒子の捕捉される確率は著しく大きくなる．小さいボールを使う場合，撹拌速度も増大させる．

装置の出口にはボールが次工程の装置に損傷を与えないようにシーブが設置される．ボールは磨耗するため，一定期間毎に交換する．この粉砕機から排出される金属を捕捉するために，出口配管には磁石を設置する．

3.4 ココアバター及びココアパウダー製造

3.4.1 アルカリゼーション（ダッチング）

ココアパウダー製造に用いられるカカオリカーのほとんどはアルカリ処理されるが，チョコレート用ではこの処理をされることはあまりない．アルカリ処理法は19世紀にオランダで開発されたため，ダッチプロセス（Dutching process）とも呼ばれる．これを行う理由は，パウダーを水または牛乳に添加した際に凝集や沈降することを防ぐことにある．アルカリ剤によるこの効果は明瞭には分かっていないが，アルカリ化は色調と香味にも影響する．

アルカリ剤としては典型的には炭酸カリウムが用いられ，ロースト前のニブに添加される．また，カカオリカーやパウダーで処理する場合もある．アルカリ剤を多く使用しすぎないように注意することが必要である．それはココアバターがグリセリン骨格へ三分子の脂肪酸を結合しているために（第6章参照），これらの脂肪酸がアルカリ剤と反応し石鹸臭を生じる可能性があるためである．この問題に対処するため，アルカリ処理後のpH低下のために少量の酢酸や酒石酸を添加することがある．酢酸や他の酸の存在によって非常に酸味の強いカカオ豆の場合，ココア用/チョコレート用を問わず，酸を中和するための穏和なアルカリ処理が非常に有効である場合がある．

色調の変化はカカオ中に存在するタンニン類（polyhydroxyphenols）と呼ばれる化学物質の反応によるものである．この物質はエピカテキン分子からなっており（Figure 3.13），発酵や乾燥，ロースト過程で重合，酸化またはカカオ中の別の物質と反応して生成する．これによって色調を呈する分子数が増大し，ココアが暗色となるのである．pHや水分，ロースト温度と時間を厳密に調整することで幅広い色調をつくることが可能である．

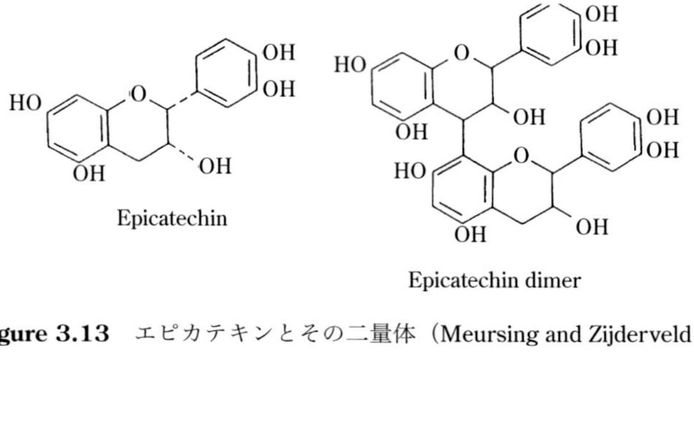

Figure 3.13 エピカテキンとその二量体（Meursing and Zijderveld [3]）

3.4.2 ココアバター

高品質のココアバターはカカオリカーを Figure 3.14 に示す水平型プレス機で圧搾することで得られる．上部（4）には複数のポット（pots）があり，それぞれの下部にステンレス製のメッシュがある．加熱したカカオリカーはポットに供給され，油圧ピストンで 40～50 MPa の圧力によって圧縮される．ニブには約 55％のココアバターが含まれるが，この圧力によって半分以上が絞り出されメッシュを通して秤量器へと流れる．固い層ができると搾油が困難となるので，初期は低圧で操作する．圧力は徐々に増大させ，必要量のココアバターを絞り出す．これによってポット中には固い物質が残る．油分は 8～24％であり，その量は製造するココアパウダーの種類に依存する．固く円盤状の残渣はココアプレスケーキと呼ばれ，ポットが開けられるとケーキは自動的に排出されコンベアベルトへ落下する（9）．

低品質ココアバターはシェル付きのカカオ豆を連続式エクスペラー処理で圧搾して得られる．多くの場合，ここで用いられる豆は不適正な発酵や非常に酸度の高い豆などでチョコレート製造に適さないものが使われる．シェルにはココアバターとは異なる油脂が含まれている．したがって，二つの油脂は混合してしまうが，共晶現象を起こすためココアバターの固さや固化特性に悪影響を及ぼす（第5章参照）．このようなココアバターは濁っていることが多いので濾過しなければならない．

全豆や不適正豆から得られたココアケーキには価値がなく，普通は飼料とされる．残った油脂は溶剤抽出または臨界ガス抽出によっても回収される．

ココアバターを購入する場合，種々の特性値が添付される．この中には遊離脂肪酸含量が明示されている(通常 1.75％)．この脂肪酸はトリグリセライドのグリセロール骨格から分離したもので,チョコレート固化特性を悪化させる．また最大鹸化価（0.5％）も示されており，石鹸臭の発生しないことを示している（鹸化価とはココアバター1gと反応するKOH量をmgで表したもの）．

適正に搾油されたココアバターには香味があり，チョコレート全体の香味の一部と

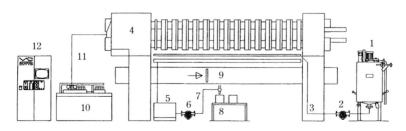

Figure 3.14 水平型ココアバタープレス機の構造
(1) カカオリカー調整タンク，(2) ポンプ，(3) カカオリカー配管，(4) 油圧ココアプレス，(5) ココアバター秤量器，(6) ココアバターポンプ，(7) ココアバター配管，(8) ココアバター遮断装置，(9) ココアケーキ搬送コンベア，(10) 油圧ポンプ，(11) 油圧配管，(12) 操作盤．(Meursing and Zijderveld[3])

なる．ホワイトチョコレート用などではこの香味は不要とされることがあり，脱臭ココアバターが用いられる．これは減圧下でココアバターを水蒸気蒸留して得られる．

3.4.3 ココアパウダー

ココアパウダーはココアプレスケーキを粉砕して得られる．ココアプレスケーキは初めに，反対方向に回転するピン付きローラーによって直径 3 cm 以下に粗砕し，その後冷却ピンミルで微粉末に粉砕する．さらに空気流により長い配管を輸送される途中で急速冷却されてから包装される．粉砕後ほとんどの油脂は液状であるが，パウダーの固着を防ぐために包装前に固化させなければならない．パウダーはサイクロンで捕集され，微粉はフィルターで除去される．

多くのココアパウダーは油分 20〜22％であるが，低油分品では 15〜17％または 10〜12％がある．油分ゼロのココアパウダーも入手可能で，低カロリー製品や油分フリー製品のために販売されている．

ココアパウダーは他の油脂と混合してチョコレート味のコーティング（コンパウンド）またはケーキミックス，フィリングなどが製造される．また，チョコレート飲料用に多量に使用されている．これは砂糖，ココアパウダー，レシチンで作られているが，レシチンは破砕されたココアケーキへも添加可能で，同時に粉末化される．この方法ではレシチンがココア，特に油脂へ強固に結合する．レシチンは乳化剤として，油脂とココア粒子との界面や飲料製造の際には水との界面において作用する．これによって，カカオ粒子が凝集することなく水中に均一に分散するのである．

参照文献

1. R. F. M. Heemskerk, Cleaning, Roasting and Winnowing, in *Industrial Chocolate Manufacture and Use*, ed. S. T. Beckett, Blackwell Oxford, UK, 3rd edn, 1999.
2. B. Wedzicha, Modelling in Improve Browning in Food, presented at the 46th Technology Conference, BCCCA, London 1999.
3. E. H. Meursing and J. A. Zijderveld, Cocoa Mass, Cocoa Butter and Cocoa Powder, in *Industrial Chocolate Manufacture and Use*, ed. S. T. Beckett, Blackwell Oxford, UK, 3rd edn, 1999.

第4章　液体チョコレートの製造

ほとんどの人は，チョコレートは固体であると思っている．なぜならば購入する際や食べるときは固体だからである．しかしチョコレート製造者にとっては，チョコレートは通常液体で，固体となるのは包装直前でありその後倉庫や店へ運ばれるのである．

ダークチョコレートは主に砂糖，カカオニブ，ココアバターからできていることは既に述べた．典型的なダークチョコレート中の各原料のおおまかな存在比率を Figure 1.2 に示した．同様に，全脂粉乳を用いたミルクチョコレートの配合は Figure 4.1 のごとくである．この写真からわかるように，これら原料の粒子は直径数ミリと比較的大きいため，カカオリカーと同様に 30 ミクロン以下に粉砕しなければならない．

微粒化した粒子は口中で融解した時に流動するように，表面を油脂で被覆しなければならない．油脂による粒子の被覆はコンチェと呼ばれる装置で行われる（第1章参照）．この機械はチョコレート製造のためだけに特別設計されたものである．混合機は食品産業のいたるところにあり，また粉砕機は食品工業やそれ以外の分野でもたくさん使われている（印刷インキなど）．

その後，液体チョコレートは最終製品の製造に使われる．これは型への注入やエンローバーと呼ばれるチョコレートカーテンの中を通過させることで行われる（第7章参照）．

これらの工程においてチョコレートの流動性は適正な製品重量，外観とするために極めて重要である．チョコレートは非ニュートン流体なので，その粘度は，生地をどの程度撹拌したかによって変化する（第5章参照）．この粘性は降伏値及び塑性粘度という二つの因子で表現される．降伏値とは流動を開始させるために必要なエネルギーに

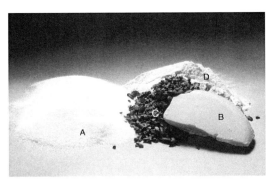

Figure 4.1　ミルクチョコレート製造に用いられる粉砕前の原料
(A) 砂糖，(B) ココアバター，(C) カカオニブ，(D) 全脂粉乳．

Figure 4.2 不適正な形状のチョコレート (feet, いわゆるハカマ)

Figure 4.3 センターが部分的にチョコレートで被覆されない場合

関連し，塑性粘度とは比較的速く流動している際の粘度に関連する数値である．これら両者ともが適正な値でなければ，製品は粗悪品となってしまう．例えば，底部にハカマ (feet) が生じ (Figure 4.2)，形状異常として安売りされたり，または穴が開いて中身が剥き出しとなったりする (Figure 4.3)．センターが水分を持つ場合，チョコレートによる保護が無いためこのような製品ではすぐに乾燥が進み，保存性が極めて短くなる．

次章ではチョコレート流動性に影響する因子と，次工程で最適な粘性を得るための制御法を述べる．

4.1 チョコレート粉砕

本工程の目的は，チョコレート中にザラつくような粒子，つまり 30 ミクロン以上の粒子を残さないようにすることである．また，過粉砕粒子を多くしないことも重要である．磨砕とともに粘性の低下するカカオリカーとは異なり (第 3 章，Figure 3.9 参照)，チョコレートは過粉砕で粘性が増大する．それは微細粒子の増大の結果であるが，詳

細は第5章で述べる．

　チョコレート原料粉砕には二つの方法がある．一つは微粒化原料の使用（分割粉砕）であり，もう一つは一括粉砕である．前者では，非油脂性原料を個別に粉砕し，カカオリカーやココアバター，その他の液体原料とコンチェで混合するものである．一括粉砕では，粉砕前にこれら原料をカカオリカー及び油脂の一部と混合する．これら二つの方法により得られるチョコレートは異なる香味となる．砂糖は粉砕時に周囲の香気を多く吸着する性質があり，後者ではその際に近傍にカカオがあるためである．

　それぞれの方法には香味以外にも利点と欠点がある．微粒化原料混合法（分割粉砕）では過粉砕の制御が容易であるが粉砕終了時の粒子には油脂が存在しない．一括粉砕ではすでに粒子のかなりの部分が油脂で被覆されているので，これと比較するとコンチェにおける油脂被覆工程で長時間を要することとなる．

4.1.1　原料の分割粉砕機

　砂糖とその他固体粒子はミリ単位から数十ミクロンへと 1/100 程度の粉砕が求められる．この比率はレンガをグラニュー糖程度へ粉砕する比率と同様である．カカオリカー製造の項で述べたように，粒子径の減少は一段階ではなく多段階で行う方が良い．これはチョコレート原料に関しても同様である．カカオニブ粉砕で使用したハンマーミルやピンミルは砂糖粉砕でも非常に有効で，砂糖は非常に固くて脆いため高速回転する金属ハンマーやピンで叩かれることにより小さな破片となる．粉乳は弾力性があるので破砕しにくく，粉砕機中でより長い滞留時間が必要となる．

　伝統的なチョコレート製造法では砂糖をこのように粉砕し，約100ミクロンとする．その後粉乳及びカカオリカーと混合し一括粉砕を行うのである．今でもこの方法を採用している工場もあるが，現在では次節で述べるような二組のロールレファイナーを用いる方法に取って代わられている．

　チョコレートで必要とされる粒径まで微粒化するためには，更なる粉砕工程が必要となる．しかし一台の機械ですべての粉砕を行うことも可能で，この装置は分級ミルといわれる．その例を Figure 4.4 に示した．この装置内では微細粒子が最終的に排出されるまでに多段階の粉砕を受ける．

　砂糖と粉乳粒子はシュート（1）から粉砕ディスク部（4）へ供給される．これは周囲（3）に金属ハンマーまたはくさび，ピンが装着してあり一分間に数千回転する．これらは粒子を叩いてある程度破砕する．粉砕機には大量の空気が（6）から吹き込まれ，（5）から排出されている．この空気によって粒子は浮上し分級器（2）へ送り込む．分級機は側面にスリットのある円筒が高速で回転するものである．高速気流中で，小粒子は空気と同じ速度で移動するが大粒子の速度はその重量と慣性によって遅い．空気がスリットを通過する際，小粒子は一緒に通過して粉砕機から排出されサイクロン分

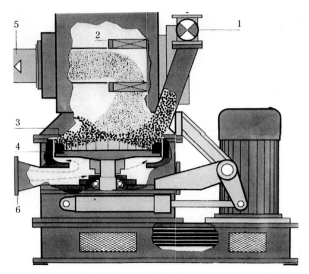

Figure 4.4 分級ミルの構造（Hosolawa Micron 製）
(1) 原料投入バルブ，(2) 分級機，(3) 粉砕ハンマー，(4) 粉砕ディスク，(5) サイクロンおよびフィルターバッグへの出口，(6) 空気流入口（Ziegler and Hogg [1]）

離機とフィルターバッグで集められる．大粒子は遅いのでスリット間に衝突し，破砕部位へと再び戻される．大粒子は分級機を通過するまで何度でも循環する．つまり大粒子が割れて粉々になった砂糖は最初にスリットから排出されるが，砂糖の一部とミルクは何度も循環することとなる．粉砕機中のすべての粒子は高速で移動しお互い同士が衝突するため，これによっても粉砕が起こる．

チョコレート製造に必要な粒子径の制御には二つの因子がある．一つは空気流速である．より高速とするとたくさんの粒子がスリットを通過するため，粗い製品となる．一方，分級シリンダーの回転を速めるとスリット間のバーがより多くの粒子を捕捉するので逆の結果となり，製品は細かくなる．この種の装置では（最大粒子が破砕されるまですべての粒子がミル中に残る一括粉砕器とは異なり）粒子は粉砕直後に必要な粒径まで小さくなっているので，過粉砕が比較的少ない．

粉砕機は多量の熱を発生するので，砂糖結晶の一部は非晶質へ変化する（第2章参照）．また存在する油脂も融解するので粒子は粘着性を持ち，配管中で固結する場合がある．油分が12％以上ある場合には何らかの冷却が必要である．油分がこれ以上に高い時は，空気と同時に液体窒素を吹き込み，冷凍粉砕とすることも可能である．この種の粉砕機は，チョコレート原料製造の他，プレスケーキからココアパウダーをつくる際によく用いられる．

4.1.2 一括粉砕

近代的なチョコレート工場では，固体粒子はロールレファイナーで粉砕される．この工程は Figure 4.5 に示した．

はじめにカカオリカー及びグラニュー糖，乳成分，少量のココアバターを強力なミキサーへ投入する（クラムを用いてチョコレートを製造する場合，クラム中には多くの固体成分が含まれているがこれらは部分的に粉砕されている．）これらの混合物は，適正な粉砕が行われるために最適で均一な固さの可塑性を持つペースト状とすることが重要である．このペーストは二本ロールへ供給される．二本ロールは二つの円筒状ロールが横に並んで水平に設置されたもので，それぞれが反対方向に回転しペーストをその間隙に引き込む．ペーストの性状が不適正な場合，ペーストは二本のロール間でブリッジを形成し処理が止まってしまう．適正なペーストが供給されるとロール間のシアと圧力により粒子は粉砕され，新たに生成した表面は部分的に油脂に覆われ，乾いたペーストが排出される．このときの最大粒子径は 100〜150 ミクロンとなる．

最終的な磨砕は，Figure 4.6 に示すような五本ロールレファイナーで行われる．ロール幅は 75 cm から 2.5 m のものがあるが，本装置によりペーストは 15〜35 ミクロンへ粉砕される．実際の粒子径は製造するチョコレートの種類に依存するが，液体状態での流動特性，口中での食感と味に大きな影響を及ぼす（第 5 章参照）．五本ロールレファイナーはわずかに樽状の五本の円筒ロールが四本垂直に積み上げられた構造をしている（Figure 4.7）．最下段には第二ロールの横に配置された第一ロール，またはフィードロールと呼ばれるロールがあり，二本ロールで処理されたペーストをこの上へ供給する．五本ロールレファイナーは四つの粉砕間隙によって微細化処理をするので，間隙が一つである二本ロールよりも低速で運転される．このため，通常一台の二本ロールを何台もの五本ロールと組み合わせて使用する．

円筒ロールは中空なので，内部から冷水や温水で冷却・加熱できる．またロールは通常，油圧によって密着されている．この油圧によって樽形状は湾曲し水平となるの

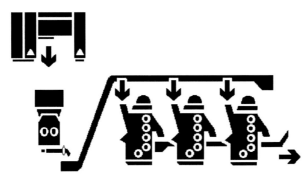

Figure 4.5 二本ロール及び五本ロールレファイナーを用いたチョコレート製造工程図

第4章 液体チョコレートの製造

Figure 4.6 五本ロールレファイナー

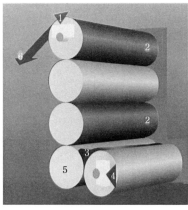

五本ロールレファイナー
1. ロール圧力
2. チョコレート薄膜
3. チョコレート供給
4. 供給ロール圧力
5. 供給ロール
6. スクレーパーから排出された
   チョコレート

Figure 4.7 五本ロールレファイナーの構造

で，ロール間に均一でまっすぐな間隙ができる．五段目のロール背部にはナイフ刃が設置され，チョコレートをフレーク状，または粉状として排出する．

　大きな粒子は色々な方法で破壊される．ハンマーミルでこれらを叩くと，数個の粒子に割れたり，角の部分から小片が剥がれたりする．二つの固い表面による粉砕例は，カカオリカー粉砕時のボールミル粉砕に見られる（Figure 3.12）．別法としてシアにより引きちぎるものがある．シアはある間隔をもって異なる速度で動く二つの表面間に生じる．つまり二つの表面が近接して，大きく異なる速度で動いている場合に大きなシア作用が起こり粒子を引きちぎる．五本ロールレファイナーではこの現象が生じている．

　連続するロール速度は次第に速くなっており（Figure 4.7），チョコレート薄膜は高

速ロールに転移するので，チョコレートは順番に速いロールへ移動して行き下のロールで回り続けることはない．

　この装置では，供給部からナイフに至るまで連続した薄膜を形成して運転される．薄膜厚は，そのロールと下のロールとの間隙によって決まる．第二及び第三ロール間で生じる現象を Figure 4.8 に示した．下のロールが例えば 55 rpm で回転し膜厚が 100 ミクロンであり，連続的な薄膜（フィルム）状態で第三ロールが 150 rpm で回転するものとする．つまり，チョコレートは高速回転ロールへ展延されたこととなるので，厚みはロール間速度に比例する．すなわち，100×55/150＝37 ミクロンとなる．したがって最終粒度は，初期フィルム厚とロール速度比に依存することとなる．初期フィルム厚は供給部から出る膜厚，つまり最初の二本のロール間隔である．面白いことに，粒度は圧力にはほとんど影響されず，圧力は主にロール幅全体にわたって均一な薄膜（フィルム）を形成させることに関与する．

　ロールレファイナーの操作では温度も重要な因子となる．温度は存在する油脂の流動性を変えることによって薄膜の粘性や固さを変えるからである．ロールは比較的高速で回転しているため，ロール上の粒子には遠心力によって表面から飛散するような力が働く．薄膜はそれ自体で引きとめようとするが，薄膜の固さが異なった場合，例えば過冷却によって油脂が固化したりすると粒子は自由化して装置からチョコレートが飛び散る．したがってチョコレート粉砕では温度は非常に重要なのである．

　ロール間のシアは粒子粉砕の他に，新たに生成した表面の油脂による被覆も行う．また粉砕により新たに生じた表面は化学的に活性が高いので，同時に近傍で粉砕されたカカオ粒子の揮発性香気物質を吸着する．これは分割粉砕によって製造されたチョコレートとは異なる香味を持つチョコレートとなることを意味している．

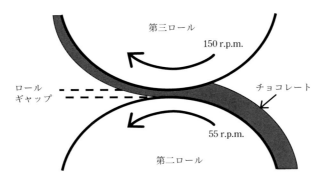

Figure 4.8 五本ロールレファイナーの第二ロールと第三ロール間隙の拡大図

4.2 チョコレートコンチング

チョコレートのコンチェは1878年にスイスのRodolphe Lindtによって発明されたが，この名前は形状の似ている貝から名付けられた．この機械によってチョコレートはより滑らかに，味も変えるとされた．コンチェが発明された時代のチョコレート粉砕能力は貧弱だったのでコンチェ中で粒子の破壊が生じ滑らかになったのである．しかし現在の粉砕機は非常に優れており，粒子が凝集している場合を除いてさらなる粉砕は起こらない．しかしコンチェによってチョコレートの香味変化や口中で融解した際の挙動変化は生じる．さらにチョコレート製造者にとって特に重要なのは，コンチングは製品製造時の液体チョコレート粘性を決定する工程であるという点である．

コンチング工程では同一の機械内で二つの事象が生じている．一つは香味発現である．発酵及びローストによってチョコレートに必要な好ましい香味物質が生成するが，同時に渋味や酸味などの除去すべき不要な物質も生じる．また，加熱調理臭のような更なる香味発現を必要とする場合がある．

第二は，粉状やフレーク状，固いペースト状のチョコレートを，最終製品を製造できるような自由流動する液体へ変えることである．これは固体粒子を油脂で被覆することで粒子同士が移動できるようにするものである．

4.2.1 化学的変化

発酵により酢酸や，少量ではあるがプロピオン酸やイソ酪酸などの揮発性短鎖脂肪酸が生じる．これらの沸点は118℃以上であり，通常のコンチング処理温度よりもかなり高い．しかし初期段階（Figure 4.9）で水分がチョコレートから蒸散するので，水蒸気蒸留によってこれらの酸の除去が促進されると考えられる．

ある研究者は，コンチング初期に多くのフェノール類が減少することを報告している．しかしこれらの化合物がチョコレート香味にどのような影響を及ぼすかはわかっ

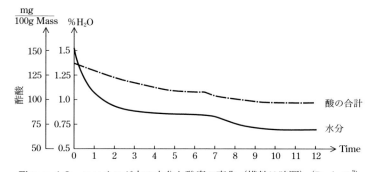

Figure 4.9 コンチング中の水分と酸度の変化（横軸は時間）（Beckett[3]）

ていない．コンチェのヘッドスペース分析により，コンチング初期の数時間で揮発性物質は80％減少することが示されている．過剰なコンチングを行うこともできるが，チョコレートを非常な長時間コンチングするとほとんど香気がなくなる．

　チョコレートの香味は温度と時間によって変化するが，一般的には温度を上げると時間は短縮される．しかしミルクチョコレートでは70℃以上で加熱調理臭が生じ始める．あるメーカーはメイラード反応香味を増やすために100℃以上で処理している．しかし水分が低いため，ここで生じる香味は高温でのミルク乾燥やクラム製造によるものほど強くない．乳風味を有するチョコレートではこのようなメイラード臭は避けねばならず，その場合には50℃以下でコンチング処理しなければならない．似たような条件は糖アルコールを使用した砂糖なしのチョコレート製造でも採用される．高温では糖アルコール結晶が融解し，後に再結晶化するとザラついた凝集体となるためである．

4.2.2　物理的変化

　ドイツのZiegleder[2]博士の最近の研究によれば，コンチェで起こる主な現象はチョコレート中の異なる成分間での香味分子の物理的な動きである．コンチング開始時点では，チョコレート香味はカカオ粒子とココアバターのみに存在し，微粒化された砂糖は甘いだけである（Figure 4.10参照）．コンチング中にカカオ香味と油脂は部分的に砂糖粒子表面へ移行する．この被覆により，ロール粉砕直後のものと比較し，より均一なカカオ香味と甘味の低減が図られるのである．香気の移行は，初期段階におけ

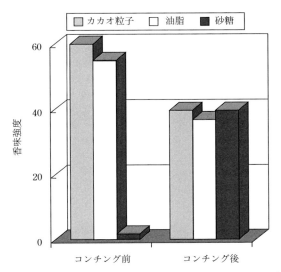

Figure 4.10　コンチング前後のカカオ粒子，砂糖粒子，油脂における香気分布（Ziegleder[2]）

る香気成分の濃度差により生じる．またロール粉砕時に生じる非晶糖は香気吸収を促進する（第3章）．

香気移動は種々のコンチング条件で試験され，製造したチョコレートで化学分析，官能評価を行った．その結果，チョコレートの粘度が高くペースト状態でコンチングした方が，粘性の低い状態でのコンチングよりも好ましいという結果が得られた．

4.2.3 粘度低下

この工程は基本的には粒子を油脂で被覆するものであり，粉砕と同様にシアが重要な因子となる．Figure 4.11 は静止した状態とシアのかかった状態の粒子を示している．

この場合のシアは二枚の板の速度差を板間距離で割った数値であり，ずり速度は

$$\text{shear rate} = (v_1 + v_2)/h \qquad (4.1)$$

と定義される．つまり速度差が大きく，間隔が狭いほどそこに挟まれた粒子に与えるシアは大きくなる．目的は油脂を粒子表面に塗ることで，これはパンにバターを塗ることに似ている．パンとナイフの間にある油脂に高シアが与えられることで薄い層となって表面に塗り付けられるのである．

チョコレート製造では，どんな油分含量でもチョコレートの流動性をできるだけ良くする（最低の粘度とする）ことが望ましいため，これは特に重要である．Figure 4.12 には異なるシアで処理された同一チョコレート（同じ油分含量）を示す．図から分かるように，それぞれが異なる平衡粘度へ到達し，この値はシアをかけつづけても一定値となる．この結果は高シアを掛けるほど低粘度のチョコレートが得られることを示してい

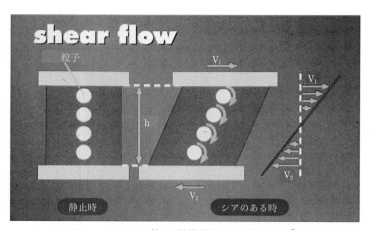

Figure 4.11 二枚の平行板間のシア（Beckett[3]）

る．しかしこのためには非常に強力なモーターと多くのエネルギーが必要であり，現実的には限界がある．

　チョコレート粘度を低下させるには二つの方法がある．一つは大きな撹拌タンク内にチョコレートを入れる方法である．一度にシアを受けるチョコレートは少なくなるが，タンク内には多量のチョコレートが入るため，チョコレートを数時間タンク内に滞留させながら数トン/hの能力を持たせることが可能となる．もう一つの方法は連続装置によって一度に数キログラムという少量のチョコレートに高シアをかけるものである．装置内には少量のチョコレートしかないため，滞留時間は短く処理能力は大きなコンチェと同等となる．

　コンチングで行なわれるその他の処理は，緩く会合した凝集塊を破壊することである．凝集塊は二つの形態で存在する．一つ（Figure 4.13a）は内部に油脂を含まないもので，この崩壊によって油脂で被覆すべき新規表面が生成し粘度は上昇する．もう一つ（Figure 4.13b）は固体粒子が油脂を包含した場合で，チョコレート流動性に影響を与えない．しかしこの凝集塊が崩壊すると新規表面被覆に必要とされる以上の油脂が放出されるため，全体の粘度は低下する．

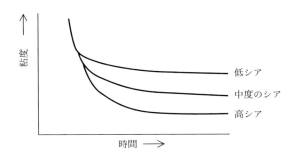

Figure 4.12　コンチングで異なるシアをかけた場合のチョコレート粘性経時変化
(Beckett[3])

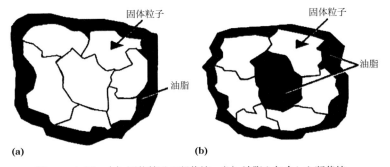

Figure 4.13　(a) 固体粒子の凝集塊，(b) 油脂を包含した凝集塊

4.2.4 コンチング装置

4.2.4.1 ロングコンチェ

この機械は Rudi Lindt によって開発されたタイプで、花崗岩製の容器とローラーでできている（1.5項及び4.14参照）。ローラーによってチョコレートは長時間、ときには数日間、前後に撹拌される。その際、表面が入れ替わることで揮発性物質が空気中に放散する。チョコレート供給は通常、大きな車輪付きタンクからシャベルで行われる。その作業は極めて過酷で、また高温環境であったため、20世紀初頭にこの作業に携わった者たちは短命であった。普通、四台のコンチェが一基のモーターで駆動されていた。工場によってはコンチェ室に設置された駆動軸から皮ベルトを介して動かされていた。初期の機械の多くはベルト駆動だったので、皮の維持管理のため工場内に馬具職人までいたのである。

コンチェへ供給する際の粉体比重は最終チョコレートの半分以下のため、処理開始時は容器が満杯となっていても、コンチング終了時には半ば空のように見えたものである。

この種のコンチェは温度制御が困難で、処理量に比してエネルギー所要量も大きいため、今ではより近代的な装置に置き代えられている。

4.2.4.2 ロータリーコンチェ

この装置はコンチェ筐体であるタンク内で撹拌素子が回転することから名付けられた。初期の設計（Figure 4.15）の多くは円筒形で、撹拌や掻き取りを駆動する中心軸が垂直に設置されていた。また、中心軸の周りを公転する付加的な撹拌素子を有するものもあった。多くの装置は水分や揮発性物質が蒸散するように上部が開放となって

Figure 4.14 ロングコンチェへの供給風景

4.2 チョコレートコンチング

Figure 4.15 回転型コンチェ

(a)

(b)

Figure 4.16 フリッセコンチェの構造と写真（by Frisse, Germany）

いた．ロングコンチェと同様，ロータリーコンチェも温度制御が難しく，容量も1トン程度と大きさの制約があったが，3〜5トンのものも製作された．その後これらの装置は，水平型撹拌子を持つコンチェにとって代わられたのである．

現在の典型的コンチェはFigure 4.16に示すものである．容器は三つのタンクがつながっており，三本の撹拌翼がある．回転によって撹拌翼はチョコレートを温度制御された側面壁に「パンにバターを塗るように」押しつける動作をする．そしてチョコレートを空中に放り上げ，水分と揮発性物質の蒸散を促進する．旧型のコンチェではチョコレートを容器底部へ押しつける動作をするため，このような動きは不可能であった．

コンチェ撹拌翼の先端はくさび形となっている．そのためチョコレート粘性が高くペースト状の時，くさびを打ち込むように操作できる．これによってペーストを切り割り，くさびの側面で壁面に押しつける．一方，チョコレート粘性が低下し，くさび部位を自由に流動するようになると，有効な撹拌や粒子被覆が行われにくくなる．この場合は回転方向を逆とすることで，くさび背面の平面部がチョコレートの動きを大きくし撹拌効果を高める．この種の装置の多くは上部にファン付きの開閉装置(Figure 4.17)を有しており，必要であれば揮発性物質の蒸散を促進する．本装置によって，より安全で衛生的となる．能力は5〜10トンのチョコレートを12時間以内で処理できる．コンチェへの供給は粉砕工程からのベルトコンベアにより自動的に行われる．排出も自動であり，基部の配管から行われる．これらのことはチョコレート産業がここ約20年の間に，労働集約型で職人的な産業から近代的で高能力を持つ巨大装置産業へと変貌したことを如実に示すものである．

Figure 4.17 フリッセコンチェ上部のルーバー

4.2.4.3 連続式小容量装置

この種の装置は,既に香味変化の終わったチョコレートの粘性低下に用いられる（二軸エクストルーダーは香味変化,粘性低下の両目的で使用される）.典型的な液化装置を Figure 4.18 に示した.本装置には一定間隔でピンの取り付けられた中心軸があり,高速で回転する.ステーターにも静止したピンが取り付けられている.ピンの間隔は小さいので,この間隙での速度は非常に速くなる.つまりずり速度は極めて大きい.チョコレートがポンプで本装置へ送られると,激しいシア作用によって固体粒子表面が油脂で被覆される.投入されるエネルギーは強大なので,チョコレートの発熱も大きい.これはチョコレート香味を変化させるため,装置は冷水によって冷却される.

この種の装置はコンチング後に使われるか,またはコンチング中に一部のチョコレートを取り出してこの処理によって液化し,コンチェへと戻すという使用法もある.どちらの場合も,短時間に粘性の低いチョコレートを得ることが目的である.

4.2.5 コンチングの三段階

適正な処理を施したチョコレートとするためには通常三段階のコンチング過程を経ることが望ましい.

1. ドライコンチング
2. ペースト相
3. 液体コンチング

ドライ相ではチョコレートは粉状で,特にミルクチョコレートでは多くの水分を含んでいる.水分はチョコレートの流動特性に対し悪影響を及ぼす（第5章参照）.また,水分除去と同時にある種の不要な酸性香気も除かれる（Figure 4.9）.油脂で被覆され

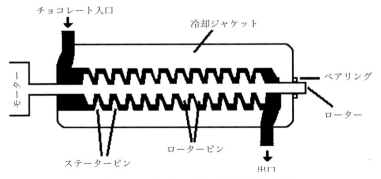

Figure 4.18 インライン液化装置の構造

ていない表面が多い段階では水分の蒸散も容易である．つまりチョコレートが粉状の時に加熱撹拌されると全体の処理時間が短縮され，低水分で粘性の低いチョコレートが得られることを意味している．

温度上昇とともにより多くのココアバターが融解するので粒子はお互いに付着し始める．時には直径数センチの球状となってコンチェ内を動き，次第に凝集して高粘度のペースト状となる．ペースト状態でも，油脂に覆われていない多くの乳や砂糖粒子が存在する．ペーストの粘性が高い場合，シアや押し付ける力によって粒子近傍の油脂による被覆が進行しやすい．しかし粘性が低下すると油脂で被覆されていない粒子の被覆はできなくなる．口中において体温でチョコレートが融解した際，良好な流動性を有するチョコレートを製造するためには，これらの粒子表面をできるだけ油脂で被覆することが必要である．つまりペーストは，コンチェのモーターが撹拌できる限界の高粘度を維持すべきであるということとなる．

コンチェの最後の機能は，次工程に適正な流動特性をチョコレートに持たせることである．これはコーティングへの使用，型成形への使用などによって異なる．したがってコンチングの最終段階はチョコレートへの油脂や乳化剤の最終添加となる（第5章参照）．わずかな混合撹拌によってチョコレート粘度は非常に低くなる．

処理の終わったチョコレートはポンプで貯蔵タンクへ輸送されるが，場合によっては液体のままタンクローリーで別の工場へと運ばれる．または，チョコレートを固化して貯蔵し，ブロック状やチップ状で輸送することもある．

参照文献

1. G. Ziegler and R. Hogg, Particle Size Reduction, in *Industrial Chocolate Manufacture and Use*, ed. S. T. Beckett, Blackwell, Oxford, UK, 3rd edn, 1999.
2. G. Zieglerder, Flavour Development in Cocoa and Chocolate, in *Industrial Chocolate Manufacture and Use*, ed. S. T. Beckett, Blackwell, Oxford, UK, 4th edn, in preparation.
3. S. T. Beckett, *Industrial Chocolate Manufacture and Use*, Blackwell, Oxford, UK, 3rd edn, 1999.

第5章　液体チョコレートの流動特性制御

　液状チョコレートの流動特性は消費者及びチョコレート製造者にとって重要である．粘性や食感を測定する精密な機器はあるものの，人間の口はそれらよりもはるかに敏感である．人がチョコレートを食べるとき，歯で固体チョコレートを噛む．これは固体チョコレートの固さが非常に重要であることを意味している．口中の温度は37℃なので，チョコレート中に存在する油脂の融点よりも高いため，歯や舌による咀嚼や混合のシアによって迅速に融解する．融解が起こると，二つの重要な問題が生じる．一つは最大粒子径である．既述したように，30ミクロン（0.03 mm）以上の粒子が多く存在するとチョコレートは舌でザラツキを感じる．さらに，最大粒子径が30ミクロン以下であっても2～3ミクロンの違いが滑らかさの違いとして知覚される．最大粒子径が20ミクロンのチョコレートは絹のような食感のものとして販売されたことがある．第二の因子は粘度である．これは口中でチョコレートがどのように移動するか（すなわち食感）ばかりでなく，味をも変化させる．それは口中には三つの呈味受容体が存在するためである（Figure 5.1）．チョコレート中の固体粒子が受容体へ到達する時間は粘性に依存する．つまり同一の配合であっても異なる工程で製造されたチョコレートは粘性が違うため，味も違うものとなることを意味している（第12章，実験15参照）．粒径は粘性とともに食感にも影響し，ミルクチョコレートでは最大粒径を20ミクロン以下とすると30ミクロンの場合よりもクリーミーなものとなる．

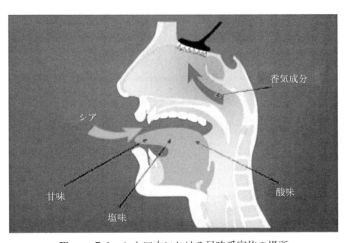

Figure 5.1　ヒト口中における呈味受容体の場所

製造者にとって製品の重量管理は極めて重要である．チョコレートは原料においても工程においても比較的高価な食物である．したがって，菓子のセンターに必要以上のチョコレートを被覆しないことは経済的に重要となる．第7章で示すように，チョコレートの被覆は適正な粘性を持っていることが前提条件であり，被覆が適正に行われないと形状異常 (Figure 4.2, 4.3 参照) やセンターの露出によって製品の保存性劣化を招く．

5.1 粘　度

粘度とは，「撹拌や注いだ際の動きに対する抵抗」と表現できる．しかし一つの数値で表現されるものではない．日常目にする複雑な流動性を示すものの例として，垂れない塗料やトマトケチャップなどがある．塗料缶やケチャップ瓶は蓋の内側に付着している場合があるため，注意深く蓋を開けなければならない．また，開封する前に強力に振ると，非常に粘性の低い液体として注ぎ出る．このような粘度はどのように定義できるのであろうか？

粘度または硬さは，動きに対する内部摩擦と考えることができる．動きが容易（流れやすい物質）では摩擦が小さく，流れにくいものは摩擦が大きい．このことからシアについて考えなおすことが有益である (Figure 5.2 参照)．面積 A，間隔が h の2枚の平板の間に液体があり，それぞれの板が速度 V_1 及び V_2 で動くとき，ずり速度 (D) は，

$$D = (V_1 + V_2)/h \qquad (式4.1)$$

である．速度の単位は距離を時間で除したもので，上式はさらにこれを距離で除しているため，ずり速度は 1/[時間] の単位を有し，通常は s^{-1}（秒の逆数）として測定される．

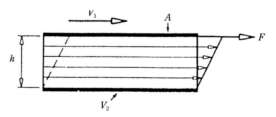

Figure 5.2　ずり流動の解説図．
V_1 ＝上部板の速度 (cm/s)
V_2 ＝下部板の速度 (cm/s)
A ＝板の表面積 (cm^2)
F ＝力
h ＝板間の距離 (cm)　　　　(Nelson et al.[1])

下部板に対して上部板を動かすに要する力をずり応力（shear stress）（τ）と呼ぶ．ずり応力に対しずり速度をプロットすると，言いかえると，異なる力で押した際にどのように液体が流動するかを示すと，測定する液体の種類に依存して異なる曲線が得られる（Figure 5.3 参照）．

粘度（η）はずり速度に対するずり応力の比として定義される．即ち，

$$\eta = \tau/D \qquad (5.1)$$

粘度の単位はパスカル・秒（Pa·s）であるが古い単位のポイズ（Poise＝0.1 Pa·s）も使われている．Figure 5.3 において，液体 1 はどのようなずり速度においても粘度は直線の傾きとなる．したがって，液体に加える力を二倍にすると液体は二倍の速度で動くこととなる．このような液体はアイザックニュートンによって初めて数学的に記述されたため，ニュートン流体と呼ばれる．ゴールドシロップ（golden syrup；糖蜜から作るシロップ）のような物質はニュートン流体であるが多くの食品は非ニュートン流体であり，種々の異なる流動曲線を描く．曲線 2 は塗料やケチャップを逆さまにした時のように，少しの力を加えただけでは動かないものである．しかし動き始めるとニュートン流体のような挙動を示す．これらの物質はビンガム流体と呼ばれる．

しかしチョコレートはより複雑な流動を示す．チョコレートはビンガム流体のように流動を始めるために力が必要であり，しかし流動し始めると力が強い程粘度は低くなる．したがって粘度は一定の値ではなく流動速度に依存して変化するので，チョコレート製造者にとって大きな問題となる．この様子は流動曲線によく示されている．

工場においてはチョコレート粘度評価のために流動曲線を使うことはできないので，データをより簡略化しなければならない．そのために通常用いる方法は曲線を数

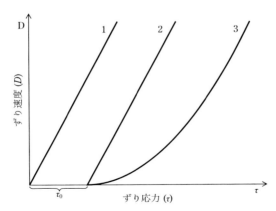

Figure 5.3 流動曲線の種類：(1) ニュートン流体；(2) ビンガム流体；(3) 擬塑性流体（チョコレート）．(Chevalley[2])

学的に既述するものである．多くの手法があるが，よく使われるのは Casson 式であり，これは印刷インクの流動特性を表すために開発されたものである．粘度計（第 8 章参照）により曲線上の数点を測定することで，計算式から降伏値と塑性粘度の二つの値が得られる．

降伏値はチョコレートの流動を始めるために必要なエネルギーを表している．降伏値が高いと，チョコレートは自立しようとする傾向を持ち，焼菓子の上などにチョコレートで模様を付ける時などに必要な性質となる．降伏値の低いチョコレートはビスケットへの薄い被覆をする時に必要となる．

塑性粘度はチョコレートが流動し始めた後，流動を維持するために必要なエネルギーに関連する．これはチョコレートを被覆する場合の厚みを決めるため，または液体チョコレートを輸送する際のポンプ能力決定の際に重要となる．

以下の項では，チョコレート粘性調整に及ぼすチョコレート加工工程及び原料について述べる．

5.2 粒子径

5.2.1 粒径分布データ

本章の冒頭で，チョコレートの粘度は一つの数値では表現できず，少なくとも二つのパラメーターを必要とし，さらに正確には完全な流動曲線で表現する必要のあることを述べた．粒径もまた同様である．チョコレートの食感を決めるために最大粒径のみを問題としてきたが，最大粒径を示す粒子は非常に少ない．粒径に関しても真の姿は粒度分布曲線と呼ばれる曲線で示される．チョコレート製造者は，工程管理や品質管理にこの情報を用いなければならない．

粒度分布曲線は様々な形をとるが，典型的な二種類を Figure 5.4 に示した．この図は同一のチョコレートにおける粒子分布を二つの方法で表現したものである．チョコレートを顕微鏡で観察し個々の粒子の直径を測定した場合，ある範囲における粒子の比率を求めることが可能である．この結果が粒径〜数分布で示されている．一方，個々の粒子重量を測定し一定範囲における全重量に対する比を求めれば，粒径〜体積分布が得られる．これは通常，粒子密度を一定と仮定した場合の固体粒子体積を求めることで測定される（これらの測定器の詳細は第 8 章参照）．

図から分かるように，二つの曲線は大きく異なる．数の分布における平均粒子径が 2 ミクロンであるのに対し，体積分布では 10 ミクロンである．数の分布では最大粒子は約 9 ミクロンであるが，体積分布では 70 ミクロンとなる．この違いは何に由来するのであろうか？

違いは，数の分布が粒子直径または半径（r）に比例するのに対し，体積分布は半径

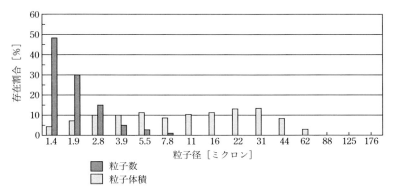

Figure 5.4 チョコレート中の粒子の量と数の分布比較

の三乗に比例するからである（体積=4/3πr^3）．したがって 10 ミクロンの粒子は，体積分布では 10×10×10＝1000 に相当し，1 ミクロンの粒子では 1 となるが，両者は数の上では同じ 1 個である．大きな粒子が存在しても数の分布においては非常に小さくなってしまう．チョコレートでは少量の粗大粒子がザラついた食感を与えるため，数の分布からは必要な情報が得られない．したがって体積分布の方が適しているが，チョコレートにザラつきを与える粗大粒子の表現のためにどのような測定法が優れているかは明確ではない．繰り返すが，分布状態が重要なのである．チョコレート中に 50 ミクロン以上の粒子が存在する可能性はあるものの，多量のチョコレートをサンプリングすることは現実的でない．事実，一枚の板チョコレートでもサンプリングの部位によって最大粒子径は大きくバラつく．通常用いられる方法は累積 90％での値を使用するものである．つまり累積体積で 90％を示す粒子径は，この直径以下の粒子量を表している．これは官能評価による結果やマイクロメーターでの測定結果（第 12 章の実験 6 参照）とかなり良好に相関する．

5.2.2 粘度に及ぼす粒子径の影響

　粗大粒子はザラつきという点で食感において重要であるが，微細粒子はチョコレートの流動特性，特に降伏値に対して重要である．

　その理由は，粒子が液体チョコレート中で自由に動くために，微粒子の被覆に多量の油脂が必要だからである．Figure 5.5 に立方体の砂糖を示したが，油脂で被覆すべき六つの面がある（四方の四面と上下）．この立方体が半分に破砕されたとすると，被覆面は八面となる(新規に生じた面は元の面と同じ面積である)．つまり砂糖量は同じであるが，新たに 30％の油脂が必要になることを示している．前章で述べた通り，粒子径はおよそ 1/100 とすることが必要なので，巨大な新規表面が生成し，チョコレートを流動さ

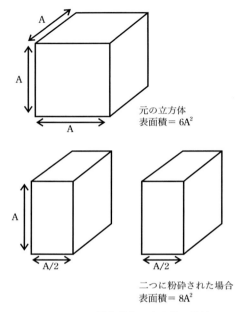

Figure 5.5 粉砕前後の立方体の砂糖

せる油脂を使用してしまうのである．

　粗さを感じないために砂糖は 30 ミクロン以下に粉砕する必要がある．すべての砂糖を直径 29 ミクロンの球状に粉砕できれば何が生じるであろうか？この大きさはチョコレートとして充分に小さく，また最小の表面積を持つ場合に相当する．しかしこのチョコレートは非常に粘度の高いものとなる．その理由は粒子が細密充填をしないためである．Figure 5.6 に示すように，すべてが同一球体の粒子では体積の 66％しか満たさない．もしも空いた部分に特定の大きさの微粒子を入れれば 86％を充填可能で，さらに第三の粒子を入れれば 95％の充填となる．したがって理想的には，チョコレート製造者は最小表面積としながら，粒子を細密充填となるように磨砕することが望ましい．しかし現在のところ，粉砕機の操作速度や条件を調整することにより，わずかな粒径変化が得られる程度である．

　チョコレート製造のための粒径分布が適正かを決めるために，どんな値を測定すべきであろうか？粒径分布曲線の形もある程度の指標となるが，粘性の場合と同様，曲線では製造工程制御には使用しにくい．しかし粒径分布が流動特性に与える影響を知るための一つの有用な値がある．

　Figure 5.7a には贈答用に包装した一つの砂糖を示した．最小量の包装紙が使われていれば，包装を解くことで砂糖の表面積を測定することができる（Figure 5.7b）．一定

5.2 粒子径

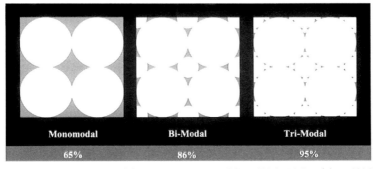

Figure 5.6 球体の充填様式；(1) すべて同一形状；(2) 二種類の場合；(3) 三種類の場合

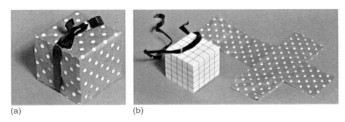

Figure 5.7 包装するために必要な紙の最小面積を示す
(a) 包装された立方体；(b) 包装を解いた立方体

体積中のすべての粒子から「紙片」を集めれば一定体積当たりの表面積，つまり比表面積となるが，機械によってこれを測定することができる（単位は m^2/cm^3）．この測定は半径の二乗に関連する(球の表面積 $4\pi r^2$)．したがってこの測定は数の分布や体積分布から直接求められるものではなく，面積分布はこれら二つの分布の間となる．

　チョコレート中の微粒子は，粒子どうしがお互いに動くための油脂分を被覆のために使用するため，粘度を高くすることを示した．しかしこの微粒子は流動特性の二つの数値に同じ影響を及ぼすのではない．Figure 5.8 には同一のチョコレートを異なる粒径で磨砕した場合の降伏値と塑性粘度を示した．チョコレートが微細化すると降伏値は劇的に増大するが塑性粘度はほとんど変わらず，部分的には減少さえしている．

　これは Figure 5.9 に示すように，チョコレート体積の半分以上が固体粒子からなっていることに起因する．

　粒子が大きければ，粒子間の接触点数は限られたものとなる．粒子数が増えると，近傍の粒子が増えるので緩い構造が形成される．このような構造はチョコレートが流動する前に破壊されねばならない．つまり降伏値は微細粒子数に比例して増大する．チョコレートが流動を始めると構造は壊れ，微細粒子はお互いの間を動き回る．大きな粒子の動きと微小粒子の動きにはほとんど差がないので，塑性粘度はあまり変わらないのである．微小粒子の場合に見られるわずかな塑性粘度低下は，カカオリカーや

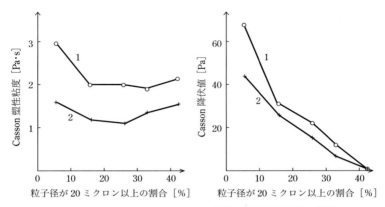

Figure 5.8 ミルクチョコレートの粘性に及ぼす粒子径の影響；
(1) 油分 30%；(2) 油分 32%（Chevalley [2]）

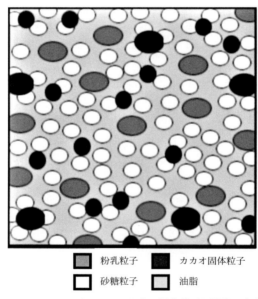

粉乳粒子　　カカオ固体粒子
砂糖粒子　　油脂

Figure 5.9 ミルクチョコレート中の固体粒子と油脂の存在様式

粉乳の更なる粉砕により，油脂が多く放出されたためと考えられる．第3章で示したように，チョコレートとは異なりカカオリカーは微細化されるに従って粘性は低下する．

5.3 粘度に対する油脂添加効果

チョコレートへ油脂を添加すると流動性は良くなる(第12章,実験5参照).チョコレートに40℃で乳脂を添加するとココアバターと同様の効果が得られるが,固化速度の低下や最終チョコレートの軟化が生じる(第6章参照).また乳脂は低温で融解するため,口中での製品の融解挙動が変化する.したがってこれら二種類の油脂は,使用されるチョコレートの適正な食感を得るために正しい比率で存在しなければならない.乳脂はブルームと呼ばれる表面の白化を遅延させるためにダークチョコレートに使用されることもある(第6章).

流動性を良くするためには油脂は自由状態でなければならない.ココアバター及び粉乳は,油脂をそれぞれ細胞や球状カゼインから自由化するために微粉砕しなければならない.また油脂を包含した凝集塊を破壊するために,強力なコンチングを行わねばならない.

通常のチョコレートは25%から35%の油脂を含むがアイスクリームコーティングではもっと多く(第10章参照),特殊な調理用チョコレートやバーミセリでは低油分である.実際の油分は,処理工程に依存する.ロールレファイナー上で薄膜状態となるために,またコンチェモーターの過負荷を避けるためにも一定量の油脂は必要である.また,油分は最終チョコレートの食感に影響する.高品質チョコレートではビスケット被覆用のものよりも粒度が細かく,油分の多い傾向にある.

1%の油分添加による粘性への影響は,チョコレートが初めに持っている油分や粘性パラメーターのどちらを考慮するかに依存する(Figure 5.10).油分が32%以上では,さらに油脂添加しても粘性はほとんど変化しない.しかし油分28%のチョコレートに1%の油脂を添加すると塑性粘度は劇的に低下し,ほぼ半分となる.より低油分のチョコレートほど油脂添加効果は大きく,油分23%では液体でなくほぼペースト状であるが,25%油分のチョコレートは市販されている.

油脂添加の効果は降伏値よりも塑性粘度に対し比例的に影響する(図の範囲の油分28%と油分36%の比較において,塑性粘度で12倍,降伏値では3倍の違いである).これは驚くに値せず,自由油脂として添加される油脂は,粒子のお互いの動きをしやすくするためである.油脂の大部分は「濡れ」油として存在しており,粒子表面に部分的に結合している.自由油脂は流動時に潤滑油として大きく作用するので塑性粘度が劇的に低下するのである.降伏値は固体粒子間の結合力に関連,つまり粒子間の絶対距離に関係し,油脂添加では大きな影響を受けないのである.

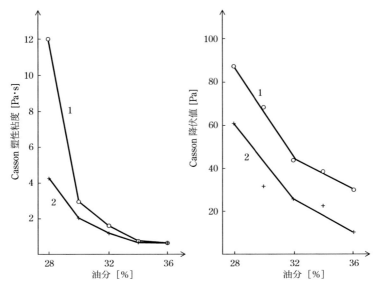

Figure 5.10 ミルクチョコレートの粘性挙動に与える油分含量の影響；(1) 微細チョコレート；(2) 粗いチョコレート（Chevalley [2]）

5.4 水分とチョコレート流動特性

　液体の水を液状チョコレートに添加すると，混合後は水とチョコレートのそれぞれの粘度の中間になると考える向きもあろう．しかしそれは全くの間違いで，3〜4%の水分添加でチョコレートは非常な高粘度のペースト状となる（第12章，実験8参照）．おおまかに言うとコンチング後のチョコレートの水分が0.3%増えると1%の油脂を添加しなければならない．油脂はチョコレート中で最も高価な原料なので，できる限り自由な水分を除去することが重要となる．

　水は油脂に似ているが，油脂が自由または束縛されて存在するのに対し，水はできるだけ結合しようとする．カールフィッシャー滴定法（第8章参照）などで総水分を測定する場合，測定される水分の一部は一水和物として存在する乳糖の結晶水である（第2章）．その他の水分は粉砕で破砕されていないカカオ細胞中に存在していたものも含まれる．これらの水分はチョコレート流動性には影響を与えない．

　容器にアイシングシュガーを入れて湿度の高い部屋に放置すると，水分によってすぐに粒子が固着し塊となるであろう．チョコレートのほぼ半分は砂糖微粒子であり，水分はこの砂糖を溶解し，または粒子表面に粘着性を起こす．このため粒子の結着が生じ，チョコレート粘度は著しく上昇する．多量の水，およそ20%以上が存在する場

合は，砂糖の大部分を溶解しチョコレート中で連続相を形成するようになり，流動を促進する．

ガナッシュと呼ばれるような柔らかい混合物を作るために，クリームを添加することも可能であるが，ガナッシュは割った際にスナップ性はなく，冷却によってほとんど収縮が見られない．ガナッシュは，クリームを強力に撹拌しながら液状チョコレートを添加して作られるが，クリーム中の水分は乳化物となっている．つまり水滴は油脂に囲まれており，これらの界面には乳化剤が層を形成している．この乳化剤はクリーム中に天然に含まれるが，チョコレートへ添加する場合もある．これら乳化剤の存在によりチョコレート粘度は水分による影響を受けにくくなる．

水分のほとんどはコンチェにて初期のドライ相で除去される(第4章参照)．これは注意深く行わねばならない．チョコレート原料からの水分蒸散がコンチェからの放出速度よりも速ければ凝縮して水滴となるからである．凝縮した水分はチョコレートへ落下し砂糖粒子の一部を溶解する．これらの砂糖は互いに付着し，その後水分が除去されても固い塊となる．それはチョコレートが適正に粉砕されても，最終製品中に砂のような食感が残る可能性のあることを示している．

5.5　乳化剤とチョコレート粘度

乳化剤の役割は，混合できない二つの相の界面に境界を形成することである．油脂中に水滴が存在するマーガリンのように，乳化剤は油脂中で水が球状として分離する場合に重要な働きをする（油中水滴型乳化）．またアイスクリームなどでは水中で油滴が存在する（水中油滴型乳化）．第2章で述べたように，カカオ豆中の油脂は両者の乳化形態をとりうる．チョコレートにはほとんど水が無いため，乳化剤の役割はやや異なる．砂糖粒子は油性ではなく親水性であり，言い換えれば水を引き寄せ，油脂を退ける．

液状チョコレートは砂糖及び他の固体粒子がお互いにすれ違うことによって流動するが，そのためにはコンチングの項で述べたように粒子表面は油脂で被覆されていなければならない．これは簡単には生じないため，水の乳化のように，固体粒子と油脂との間に層を形成する物質は油脂被覆プロセスを大きく促進する．チョコレートでは乳化剤が固体粒子表面を被覆し，油脂との間で吸着層を形成するので，乳化剤というよりは界面活性剤として作用する．

界面活性剤としての作用機構をFigure 5.11に示した．各分子は疎水性部分（親油性）を有し，外側の油脂相を向いている．分子の一方は親水性なので油相からできる限り離れて配向し，同じく親水性の砂糖表面に吸着する．この状況は岩に張り付いた海藻に例えられる．海藻には岩に張り付く部位と海中に漂う長い「尾」の部分という両者が存在する．海藻の「尾」は岩周辺の流れを変化させる．海藻に多くの種類があるよ

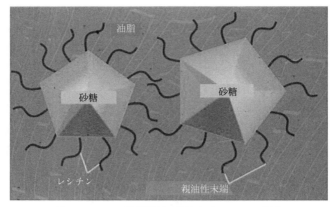

Figure 5.11 砂糖粒子に配向したレシチン分子

うに界面活性剤にも多くが存在する．あるものは砂糖に強力に吸着する大きな親水性基を有し，またある界面活性剤は砂糖への吸着力が弱く，他の界面活性剤添加によって脱着するものもある．同様に流動特性に影響を及ぼす「尾」にも種々の長さのものがある．つまり，降伏値に対して効果的な界面活性剤は塑性粘度については影響が小さく，その逆もまた同様であることを示している．

5.5.1 レシチン

チョコレートに最もよく使われる界面活性剤はレシチンで，1930年代から使用されている．これは大豆由来の天然物で健康にも良いとされている．前述したように，レシチンは砂糖に吸着し分子の他端を油脂中に自由な形で漂わせ，その流動を促進する．Harris[5]はレシチンが砂糖に強く吸着することでチョコレートで大きな効果を発揮することを示したが，後にVernier[3]により，共焦点レーザー顕微鏡を用いて蛍光レシチンが砂糖粒子を取り囲んでいる様子（Figure 5.12）が確認された．

0.1%から0.3%の大豆レシチン添加は，重量でココアバターの10倍の粘性低下効果があるとされている．チョコレート中のレシチンの存在は，乳化剤の無い場合と比較し多量の水を包含可能とする．水分はチョコレート粘性に悪影響を及ぼすので，これは非常に重要である．

しかし高濃度のレシチン添加はチョコレート流動性に有害である．例えば，0.5%以上では（Figure 5.13），レシチン濃度の増加とともに塑性粘度は低下するものの，降伏値は上昇する．Bartusch[4]は0.5%添加でおよそ85%の砂糖が被覆されることを示している．これ以上の濃度ではレシチンは自由となり，レシチン間で結合することでミセルまたは砂糖粒子周囲で二分子層（レシチンの親油性部位が別のレシチンの親油性部位と結合し層状となる；Figure 5.14）を形成し流動を阻害する結果となる．粘度増大の生じない範囲

5.5 乳化剤とチョコレート粘度

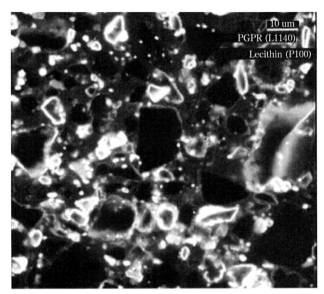

Figure 5.12 共焦点レーザー顕微鏡写真．チョコレート中の固体粒子を蛍光レシチンが取り囲んでいる様子

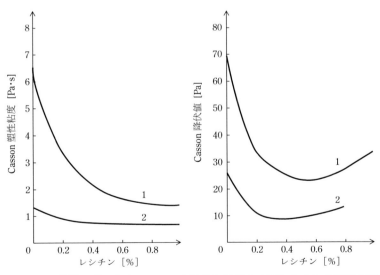

Figure 5.13 二種類のダークチョコレート粘性に及ぼす大豆レシチンの影響；(1) 油分 33.5%, (2) 油分 39.5%（Chevalley [2]）

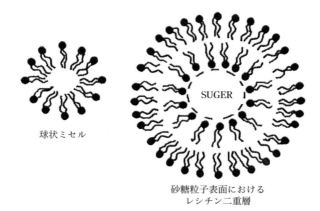

Figure 5.14 レシチンの球状ミセル及び砂糖粒子上での二重層

のレシチン量は，ある程度粒径分布と関係する．比表面積の大きい微細化されたチョコレートは，既述したように比較的高い降伏値を有する．しかし表面積が大きいのでレシチン量も多く使用でき，降伏値の増大をある程度抑制することが可能である．

　チョコレートと表示して販売するためには，チョコレートの種類や製造国，販売国によってレシチン含量は0.5％から1.0％に制限されている．改正された現行のEU規制では，「必要量」とされている（上限は明示されていない）．しかしGMP指令に則った上で，目的以上に使用してはならない．また，わずかではあるがレシチンはカカオや乳成分，特にバターミルクにも天然に存在している．

　大豆レシチンは天然のグリセロールリン酸（リン脂質）や大豆油などの混合物であり（Table 5.1），広く食品産業で使われている．しかしこの組成は一定ではないため，レシチン製造者によってはチョコレート流動に対し最適なものとするために分画レシチンを製造，供給している．レシチン中のフォスファチジルコリンはある種のダークチョコレートの塑性粘度低下に特に有効であり（Figure 5.15），その他の成分は特に降伏値に対し有害であるとされている．レシチン組成は一定ではないため，チョコレート粘度低下効果はバッチ毎に変化する．このため，標準化したレシチンを製造するメーカーもある．

　高濃度添加による降伏値増大を抑制するため，キャドバリー社は硬化菜種油から代替界面活性剤を開発した．これはアンモニアリン酸（ammonium phosphatide）でYNとして知られている．

　レシチンは基本的に大豆から製造されるが，レシチンは一般的に健康に良いともされているため，ある国では遺伝子組み替え大豆から得られたレシチンに関心を寄せている．このため，別の国のものやブラジルの特定地域産のレシチンが販売されている．また菓子用としてクエン酸エステルのようなレシチン代替物も上市されている．この

5.5 乳化剤とチョコレート粘度

Table 5.1 大豆レシチンのリン脂質組成

Phosphatidylcholine (PC)	13〜16%
Phosphatidylethanolamine (PE)	14〜17%
Phosphatidylinositol (PI)	11〜14%
Phosphatidic acid (PA)	3〜8%
Other phosphoglycerides	5〜10%

残りの約44%は主にトリアシルグリセロール.

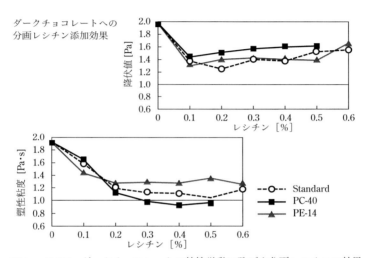

Figure 5.15 ダークチョコレートの粘性挙動に及ぼす分画レシチンの効果

実際の効果はチョコレートの種類や製造方法などで異なる.

5.5.2 ポリグリセロールポリリシノレート

Admul-WOLとして知られるポリグリセロールポリリシノレート（Polyglycerol polyricinoleate (PGPR)）は，特異な界面活性／乳化剤である．これはグリセリンとひまし油を縮合しエステル化したものであり，元来焼菓子用として開発された．塑性粘度に及ぼす影響は比較的小さいが，降伏値を劇的に変化させる．チョコレートへの0.2%添加でレシチンと同様の効果を示し，0.8%添加では降伏値をゼロとしチョコレートをニュートン流体に変えてしまう効果を持つ．なぜこのような現象が起こるかは多くの研究にも関わらず，未だ解明されていない．効果は著しく，利点と欠点が生じる．Figure 5.16はビスケットに同一塑性粘度を有するチョコレートを掛けた写真であるが，一方はPGPRにより降伏値が大きく異なる場合である．望ましい流動特性はこれらの中間にある場合が多いので，多くのチョコレート製造者はレシチンとPGPRを併用している．また，これらの混合物も販売されている．

塑性粘度 3.5 Pa·s

降伏値 3.5 Pa　　　　降伏値 16.6 Pa

Figure 5.16 ビスケットをチョコレートで被覆した場合の降伏値の影響
(Palsgaard, Denmark の許可を得て転載)

5.5.3　その他の乳化剤

ソルビタンエステル類やスパン (span), ツィーン (tween) などの乳化剤もチョコレートやチョコレート味コーティングに良く使用される．これらはレシチンや PGPR と比較すると降伏値や塑性粘度を低下させる効果は小さいが，固化速度や製品の艶，ブルーム生成などへ影響を与える．この詳細は第 6 章で述べる．

5.6　混合の程度

一定油分において，シア／混合の程度は粘性の低いチョコレートを得るために極めて重要である．その大部分はコンチェと撹拌翼の設計で決まってしまうが，その他にも重要な二つの因子がある．一つはコンチェへの原料投入の順番であり，もう一つはコンチェの駆動制御である．

コンチェは固体粒子を油脂で被覆する仕事を行うが，これは粒子を壁へ押しつける動作によりなされる．その際，粒子が逃げない状態で進行する．油脂が多量に存在すると粒子は容易に流動するので処理効率が悪くなる．つまり，油脂添加量は，チョコレートがペースト状となる最小量とすることが必要である．残りの油脂は最終段階の液状コンチング相にて添加するのが望ましい．この段階での油脂添加は，コンチング初期に同量を添加する場合と比較し，最終粘度低下に対して二倍の効果があるとされている．

また，レシチンも後の段階で多く入れることが重要である．レシチン分子の一端は親水性なので水分と強固に結合し，その蒸散を阻害するからである．したがってレシチンは大部分の水分が蒸散したドライコンチング相の最後に添加すべきであり，できれば油脂と同様に液状コンチング段階で投入すべきである．場合によっては，水分蒸

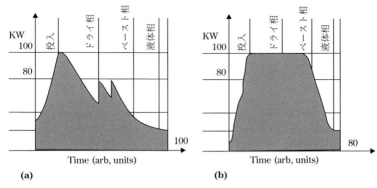

Figure 5.17 コンチングの三段階におけるコンチェ駆動電流の変化
(a) 二段変速で正逆回転の場合；(b) 速度連続可変の場合

散速度を遅くするためにレシチンの一部をコンチング初期に添加することがある．コンチェが熱い場合や原料の水分含量が多く水分蒸散速度がコンチェからの水分放出速度を上回る場合などである．そのような場合では水はチョコレートへ逆戻りし，砂糖粒子が接着することにより固い凝集塊を生成し，ザラついたチョコレートとなってしまう．この現象は初期段階でのレシチン添加により緩和することができる．

レシチンがロールレファイニング時に存在すると，圧力によってカカオ粒子へ圧入され効果が減じると唱える者もある．また高温によってレシチンの効果が減少するという説もあるが，これは実証されていない．

撹拌翼をどのように動作させるかも最終液状チョコレートの粘度に影響を及ぼす．旧式の装置では撹拌翼は定速または二段速で，チョコレート粘性が低下すると逆転運転によってクサビ背面でチョコレートを撹拌することが可能であった(第4章にて記述)．コンチェで消費されるエネルギーを記録すると，この動作は Figure 5.17a のようなギザギザ状となる．

コンチェの消費エネルギーが少ない時間が長く，したがって撹拌効果は小さい．しかし現在では，消費エネルギーが低下すると増速して再びエネルギー消費を高めるような電子制御が可能である．これにより消費電力曲線は Figure 5.17b のようになる．このような制御によって，旧式の装置よりも短時間で粘性の低いチョコレートを得ることができる．

液状チョコレートの製造が終わると，次に，液状ではあるが適正なスナップ性と艶を持つ正しい結晶形として迅速に固化する状態へと変化させることが必要となる．これは油脂の種類（第6章参照）や，冷却・予備結晶化の方法（第7章参照）に依存する．

参照文献

1. R. B. Nelson and S. T. Beckett, Bulk Chocolate Handling, in *Industrial Chocolate Manufacture and Use*, ed. S. T. Beckett, Blackwell, Oxford, UK, 3rd edn, 1999.
2. J. Chevalley, Chocolate Flow Properties, in *Industrial Chocolate Manufacture and Use*, ed. S. T. Beckett, Blackwell, Oxford, UK, 3rd edn, 1999.
3. F. Vermier, Influence of Emulsifiers on the Rheology of Chocolate and Suspensions of Cocoa or Sugar Particles in Oil, PhD thesis, Reading University, 1997.
4. W. Bartusch, First International Congress on Cacao and Chocolate Research, Munich, 1974, pp.153–162.
5. S. T. Beckett, *Industrial Chocolate Manufacture and Use*, Blackwell, Oxford, UK, 3rd edn, 1999, p.192

第6章　チョコレート中の油脂結晶化

　チョコレートとして製品を販売するためには含んでいる油脂のほとんどがココアバターでなければならない．この油脂は数種類のトリアシルグリセロール（トリグリセライド）で構成されており，個々のトリグリセライドは異なる温度，異なる速度で固化する．さらに複雑なことに，結晶の充填様式には六種類存在する．チョコレート製造者にとっての問題は，六種類の結晶形のうちただ一つが消費者にとって良好で魅力的な艶と，割った際のスナップ性を有することである．

　ミルクチョコレートには乳脂も含まれている．乳脂は固化状況と最終製品の食感を変化させる．国によってはチョコレートにココアバター以外の植物性油脂を含むことがある．二種または三種類の油脂を混合した場合，その固化状況や食感は，構成物の単純な平均ではなくなる．これは共晶として知られる現象である．つまりチョコレート中には使用できる植物性油脂の種類が限られることを意味している．

　不適正な種類の油脂が存在した場合やチョコレートが古いとき，または適正に結晶化されていなかったりすると，ファットブルームとして知られる白い粉状のものがチョコレート表面に生成する．この白い粉状物質はカビではなく油脂結晶である．ブルーム抑制やより高温でチョコレートが耐えられるようにするため，特殊な油脂や乳化剤が開発されている．直射日光にチョコレートを曝すと，非常に速くブルームが発生する．

　ある種の菓子製品にはチョコレート味のコンパウンドコーティングが使用されている．これらには二種類あり，一つはある程度のココアバターやカカオリカーを含むもので，もう一方はココアパウダーのみを含むものである．

6.1　ココアバターの構造

　すべての油脂はトリアシルグリセロールの混合物である：つまりグリセロール骨格に三分子の脂肪酸が結合したものである．ココアバターは95％以上が三種類の脂肪酸から構成されている．ほぼ35％がオレイン酸（$C_{18:1}$），約34％がステアリン酸（$C_{18:0}$），およそ26％がパルミチン酸（$C_{16:0}$）である．ココアバターはかなり組成が単純であるため狭い温度域，つまり室温と口中温度の間で急速に融解するのである．

　これらの脂肪酸は Figure 6.1 に示したような様式でグリセロールへ結合している．この図では 1-位にパルミチン酸（P）が，2-位にオレイン酸（O）が，3-位にステア

リン酸（St）が結合しており，POSt 分子と呼ばれる．ステアリン酸とオレイン酸が入れ替わると PStO となり，構成脂肪酸は同じだが全く異なる分子となる．

ステアリン酸とパルミチン酸は炭化水素鎖に二重結合を含まない飽和脂肪酸である．不飽和脂肪酸は炭化水素鎖に一つ以上の二重結合を含むもので，オレイン酸も該当する．したがって，Figure 6.1 は対称型一不飽和ということができ，SOS トリグリセライドと呼ばれる．ここで S はどのような飽和脂肪酸も含む．ココアバターの約 80％はこの種のトリグリセライドであり，2-位にオレイン酸を含む．

ココアバター中の 1〜2％は SSS（SSS；長鎖三飽和トリグリセライド，主にパルミチン酸とス

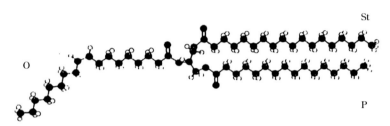

Figure 6.1 トリグリセライドの構造

POSt の β 型で，炭化水素鎖のジグザグ面が同様に配向し，それが分子の存在する面にある．Loders Croklaan の許可を得て転載．

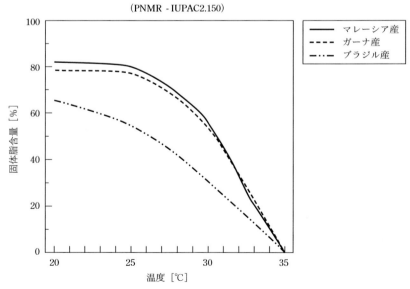

Figure 6.2 NMR 法で測定した，ブラジル・ガーナ・マレーシア産ココアバターの固体脂含量

6.1 ココアバターの構造

テアリン酸からなる）であり，主成分の SOS よりもかなり高い融点を持っている．また，5〜20％は二分子のオレイン酸を含む SOO であり室温で液体となる．ココアバターはこれらの混合物なので，室温で部分的に液状である．乳脂が含まれるとチョコレートは噛み出しが軟らかくなる．そして温度上昇に伴い，構成する油脂の種類に依存して融解する．

核磁気共鳴（NMR，第 8 章参照）により各温度における固体脂比率を測定することが可能で，得られた値を固体脂含量と呼ぶ．Figure 6.2 にブラジル，ガーナ，マレーシア産ココアバターの固体脂含量を示した．第 2 章で触れたように，一般にカカオ生育地域が赤道に近いほどココアバターは固くなる．それはこの図で明瞭であり，20℃でマレーシア産ココアバターは 81％が固体であるのに対しブラジル産では 66％である．ガーナ産ココアバターはこれらの間に位置する．32.5℃でも同様で，ブラジル産はわずか 7％が固体であるがマレーシア産は 20％が固体である．この理由はココアバター中のトリグリセライド組成，つまり Table 6.1 に示したように飽和酸と不飽和酸組成を見れば明らかである．固さは SOS/SOO 比によって大きく影響される．ブラジル産で

Table 6.1 異なる産地のココアバター組成（％）Loders Croklaan の許可を得て転載

トリグリセリド	ブラジル	ガーナ	マレーシア
SSS[a]	1.0	1.4	2.3
SOS	63.7	76.8	84.0
SSO	0.5	0.4	0.5
SLS	8.9	6.9	6.8
SOO	17.9	8.4	5.1
OOO	8.0	6.1	1.3

[a] S ＝飽和脂肪酸（主にパルミチン酸とステアリン酸），O ＝オレイン酸，L ＝リノール酸

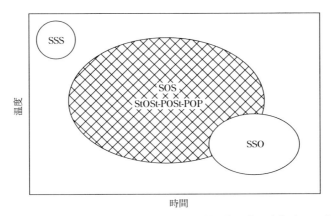

Figure 6.3 異なるトリグリセライド類の結晶化温度と速度（Talbot[1]）

はこの値が 3.6 であるがマレーシア産では 16.5 である．

ココアバターを融解した後，冷却すると三種類のトリグリセライドは異なる挙動を示す．これを Figure 6.3 に示したが SSS タイプは速く結晶化する．これにより液状油が減少しチョコレート粘度は上昇するが，チョコレートの食感やブルーム耐性を決める SOS 結晶はその後に析出する．

6.2 異なる結晶形態

炭素は，良く知られるように柔らかいグラファイトや中間の固さ，非常に固いダイアモンドに至るまで，種々の形態で存在する．油脂も種々の形で結晶化し，これは多形現象と呼ばれる．構造が密でエネルギーが小さくなると，より安定で融解しにくくなる．

この理由は Figure 6.1 に示したような異なる油脂分子が様々な形で充填されるからである．油脂分子の形から，椅子を積み上げる様式の充填に見立てられる．この充填様式には，Figure 6.4 に示したような二鎖長構造及び三鎖長構造の二種類がある．これらが一単位となり繰り返し構造をとるのである．繰り返し時に積み上げられる角度が結晶の安定性を決める．もしも椅子がまっすぐに積み上げられた場合は崩れやすい．油脂の場合も同様で，低温で生成する結晶は α 型と呼ばれ油脂分子は直線的に充填している．しかしこれはすぐに他の結晶形へ転移する（Figure 6.5）．

ここで椅子との類似性はなくなる．結晶の傾き角度はその安定性を決めるが，一定の角度で椅子を積み上げると崩壊するからである．ある種の油脂は一つの安定結晶形しか持たないが，油脂によっては α, β' 及び β 型の三種類がある．ココアバターでは六種類が存在し，それらの多形には二つの命名法がある．チョコレート業界では 1966 年に Wille and Lutton により命名された，I〜VI 型が良く使用される．油脂業界では一般に，同年に Larsson によって定義されたギリシャ文字が使われている．Figure 6.6 にはそれぞれの型の結晶化する温度域を示した．V 型と VI 型は最も安定で三鎖長であるが，その他は二鎖長である．

Malssen ら[2] による最新の研究によれば，ココアバターには五種類の多形しかない．

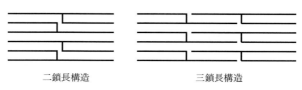

Figure 6.4 二鎖長及び三鎖長構造
Loders Croklaan の許可を得て転載．

1. アルキル鎖方向から投影した α, β′, β 多形

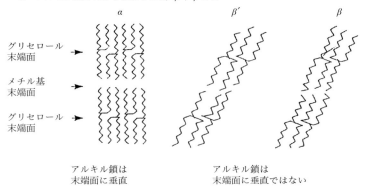

2. アルキル鎖方向と平行の投影（つまり末端面の配列を示す）

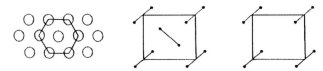

Figure 6.5 トリグリセライドの結晶構造
(1) α, β 及び β′ 型のアシル鎖パッキング様式，(2) アシル鎖の末端構造．
Loders Croklaan の許可を得て転載．

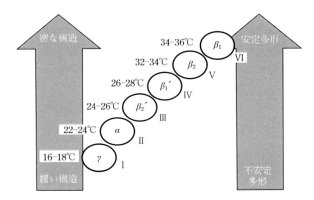

Figure 6.6 ココアバターにおける六種類の結晶多形の生成温度域

主な違いは二つの β′ が無く中間的なものであることを見い出した．したがって，中間的なものを一つの多形とすれば，全部で五多形となる．さらに Wille and Lutton の記述した融点は間違っており，特に I 型は 5℃ に対して −5℃ とかなり低かった．これは，I 型は非常に速く II 型へ転移するため，その融点測定が難しいことが理由であろう．本

章では，菓子業界で広く使用されており，結晶化に関する現象を良く説明できるI型〜VI型を用いる．

I型は非常に不安定であり，約17℃で融解するため，アイスクリームコーティングにおいてのみ存在する．I型は迅速にII型へ転移し，II型はゆっくりとIII，IV型へと転移する．

30℃の液状チョコレートを，何らかのシーディング操作を行わずに13℃の空気流で15分間冷却すると，主にIV型として結晶化する．IV型は比較的柔らかいので，できたチョコレートには割った際のスナップ性がない．またIV型は時間とともにV型へ転移する．転移に要する時間は保存条件に依存し，高温では速くなる．より安定な結晶は充填が密なのでチョコレートは収縮する．ココアバターの一部は室温で液状であるが，これに加えて，油脂が低エネルギー状態へと転移する際にエネルギーが放出される．これらの原因によって固体粒子間の油脂の一部が表面へと押し上げられる．これが粗大結晶化すると白い外観を呈するブルームとなる（Figure 6.7）．

このためチョコレートを製造する際はココアバターをV型として結晶化させることが必要となるのである．V型は固く良好なスナップ性と艶を持ち，ブルーム耐性も比較的強い．また，液体チョコレートを型へ流した際の収縮率も良好である（第7章参照）．

VI型はより安定であるが，通常の条件では液状ココアバターから直接は結晶化せず，固相転移でのみ生成する．つまりV型のチョコレートは数ヶ月または数年の長期間後，ブルームの生じることを意味している．この理由は前述した，IV型からV型への転移と同様であるが速度は遅い．したがってチョコレート製造者は，チョコレートをできるだけ迅速にV型として結晶化させ，その後の転移を抑制する技術が求められるのである．

Figure 6.7 ブルームしたダークチョコレート（左側）と正常品（右側）

6.3 予備結晶化，またはテンパリング

　チョコレートを 34℃に冷却しゆっくりと撹拌すると，長時間後おそらく数日後に残りのチョコレート全体を結晶化させるに十分量の V 型が生成するであろう．つまりこれを冷却すると，周囲の油脂が核と同種の結晶として固化するに足る量の結晶核が存在するという意味である．しかしこのような方法は，毎時数トンのチョコレートを使用するチョコレート産業では非現実的である．

　予備結晶化の別の方法としてテンパリングと呼ばれるものがある．少バッチでは，既に固化したチョコレートを少量添加する方法も可能である．それは固体チョコレートを削った粉末を，約 30℃に冷却した液状チョコレートへ数パーセント加えるものである．家庭でココアバターを含むチョコレートを使う場合に，良く料理本で紹介されている方法でもある（第 12 章，実験 9 参照）．（多くの料理用チョコレートは他の油脂を含むコンパウンドチョコレートであり，これらは一つの結晶型として固化するのでシーディングやテンパリングは不要である）．最近，噴霧冷却により微細なココアバター結晶を生産する方法が開発されている．これを VI 型へ転移させればチョコレートの種結晶として使用できる．

　チョコレート中の油脂の結晶化速度は温度ばかりでなく，混合やシア速度にも依存する．これは油脂が存在する結晶核上で固化するためである．したがって結晶核は正しい多形でチョコレート中に均一に分散している必要がある．大きな結晶核は，チョコレート中に均一に分散された同量の小さな結晶核よりも効果が小さい．高シアは固体油脂結晶を破砕し，均一に分散する効果がある．さらに高シアによって熱が生成し，そのエネルギーは不安定結晶の V 型への転移速度を高める．Ziegleder[3]はこの効果が極めて大きいことを示した（Figure 6.8）．この結果は，ココアバターに非常に大きなシアを掛けると，予備結晶化時間は数時間〜数日から 30 秒へ短縮されることを示している．

　しかし高シアでは発熱の問題があるが，これにより V 型への転移が促進される．過度の発熱が生じるとすべての結晶は融解してしまう．

　チョコレート製造で実際に使用されるのは中間的なシア速度である．結晶化速度を上げるため，チョコレートは II 型や III 型が生成する温度まで冷却する．この段階でシアを掛け，多数の微小結晶を生成しながら昇温すると不安定多形から V 型へと転移する．この操作を行う装置はテンパリングマシンと呼ばれるが，詳細は次章で述べる．実際の温度はチョコレート中に存在する油脂の種類に大きく依存する．それらは主にココアバターと乳脂であるが，場合によっては植物性油脂も含まれている．

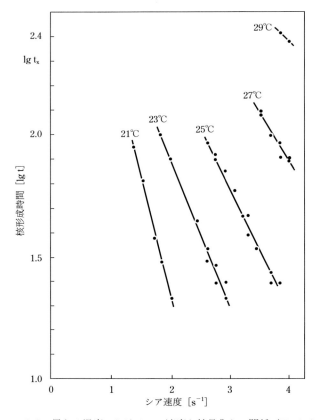

Figure 6.8 異なる温度におけるシア速度と結晶化との関係 (Ziegleder [3])

6.4 異なる油脂の混合（共晶現象）

　二種類以上の油脂を混合した場合，最終チョコレートが適正な速度で固化することや口中での融解挙動，食感が適正であることが重要である．これを確認する一つの方法は Figure 6.2 において異なる産地のココアバターを調べたような固体脂含量を測定することである．異なる温度における固体脂含量を測定する代わりに，一定温度での二種の油脂混合物の固体脂含量を求めれば Figure 6.9 のようになる．

　油脂混合物の，ある割合における固体脂含量は，両油脂単体の固体脂含量の加重平均，つまりグラフは直線になると考える向きもあろう．しかし図から分かるように，直線とはならない．

　他の油脂，例えば乳脂でもこのようになるがその理由はトリグリセライドの構造が

6.4 異なる油脂の混合（共晶現象）　　　　87

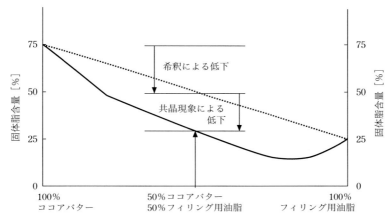

Figure 6.9　ココアバターと柔らかいフィリング用油脂との混合における予想される固体脂含量と実際の値（20℃）

ココアバターと大きく異なるためである．椅子の積み重ねモデルで考えると，あたかも別の大きさの椅子が混入したような状態である．このような場合，全体の安定性は著しく損なわれる．つまり製品は融解しやすくなり，より多くの液状油を含むこととなる．このような状態は Figure 6.9 に示したように多くの油脂混合物で生じる．

他の油脂が少ない場合，それによる結晶への影響は小さいので実際の固さは計算に近くなる．二種の油脂が等量で混合された際に軟化効果は最大となる．軟化効果の大きさや食感に影響を及ぼさない範囲の添加量は，両油脂の結晶状態の違いに依存する．後述するように，これは植物性油脂を添加する場合に非常に重要であるが，実際に使用できる油脂は限られる．

乳脂はすべてのミルクチョコレートや一部のダークチョコレートに存在している．後者での乳脂使用はブルーム生成を抑制するためである．油分 30％のチョコレートに乳脂を 5％添加すると油脂中で 17％の存在量となる．この量ではチョコレートは軟化し，ココアバターの V 型から VI 型への転移速度を低下させ表面白化を遅延させる．

ミルクチョコレートではこれ以上の乳脂が含まれる場合もあるが，軟化効果（共晶）によって制約を受ける．チョコレート消費者はミルクチョコレートにおいて，ダークチョコレートよりも柔らかいことを期待しているが柔らかすぎることも嫌う．これは固体脂含量で決まる．Figure 6.10 には異なる温度におけるココアバター／乳脂混合系の融解挙動を示した．曲線は同じ固さ／液状油含量を結んだものである．ほとんどの人はチョコレートを約 20℃で食べるので，この温度で約 70％の固体脂が必要である．したがって，約 15％の乳脂が上限となるが，これはもちろん乳脂が自由にココアバターと混合した場合のデータである．第 2 章で調べたように，ある種の粉乳では一定

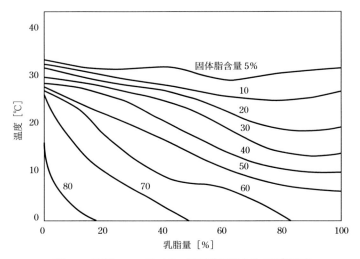

Figure 6.10 ココアバター及び乳脂混合系の融解挙動

Loders Croklaan の許可を得て転載.

量の乳脂が粉乳構造中に束縛されている．これは液状チョコレートの流動性に悪影響を及ぼすとしたが，束縛油脂は軟化効果には寄与しない．束縛乳脂を含むチョコレートでは，油脂中の乳脂含量が 27% のものも製造されている．

　固体脂含量はチョコレートの固さだけでなく，口中で融解した際に起こる現象についての情報も与える．Figure 6.11 に異なる三つの混合系における固体脂含量を示した．室温における固体脂含量はそのチョコレートの固さを示し，この場合には A が最も固く C は柔らかい．固体脂含量の急激な低下が始まる温度は耐熱性を表す．通常，マレーシア産ココアバターはブラジル産よりも高い温度を示す (Figure 6.2). 高い耐熱性を示すものは高温気候向きであるがアイスクリーム用には不適である．Figure 6.11 では A の融点が最大である．

　曲線の傾きは，いかに迅速に融解するかを示している．固体から液体へ変化させるにはたくさんのエネルギーが必要で，それは融解潜熱と呼ばれココアバターではおよそ 157 J/g である．油脂の温度を 1℃ 上昇させるに必要な比熱は 2.0 J/g であることと比較されたい．したがってチョコレートが口中で融解する際は多くのエネルギーが必要であるが，それは口腔から供給される（約 20℃ の温度上昇と融解エネルギーの和なので，20×2+157=197 J/g）．曲線の傾きが大きい場合，一挙にこのエネルギーが必要となるため口中で冷感を感じる．この性質を持たせるべく鋭く融解する油脂が開発されている．融解速度は嚥下する際のチョコレート粘度も変化させる．また香味受容体への粒子の到達速度も変わるので，香味が変化する．Figure 6.11 では曲線 A と C が B よりも大きな傾きを持っているため，似た冷感効果を示す．

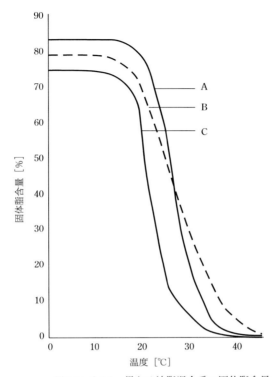

Figure 6.11 異なる油脂混合系の固体脂含量

Bのように40℃でかなりの固体脂を持つ油脂は口中で融解せずワキシー感として感じられる．チョコレート味コーティングに用いられる油脂の中にはこの問題があり，その解決のために他の油脂を混合し共晶現象によって高融点部分を低減させることができる．しかし，ブルーム生成に注意しなければならない．

6.5　チョコレートのファットブルーム

チョコレートのファットブルーム生成には主に四つの経路がある．このうちの二つは既に述べたが，一つは不適正なテンパリングに起因するIV型からV型への転移によるもので，もう一つは長期間保存や温度によるV型からVI型への転移によるものである．後者は乳脂添加で遅延される．

第三は直射日光下に置かれたような場合で，チョコレートが一旦融解し，その後テンパリングせずに結晶化した時に生じる．これはココアバターと同じ結晶型であるが融点の非常に高い油脂結晶をチョコレートへ添加することで解決できる．この結晶

は50℃以上で融解しなければ残存するので，ブルームさせずにチョコレートを再び固化させる種結晶として作用する．この種の高融点種結晶油脂はグリセロールに結合する飽和酸をベヘン酸（$C_{22:0}$）としたもので作られる．ベヘン酸はココアバターにも含有されているが1%以下である．日本の不二製油によってBOB（1,3-dibehenoyl-2-oleoylglycerol）が製造されているが，世界の多くの国では法的に使用できない．

第四のブルーム生成メカニズムは，柔らかい油脂のチョコレートへの移行によるものである．贈答用ボックスチョコレートにはいろいろな種類のセンターが入っているが，白化の速いものはナッツセンターである．ヘーゼルナッツのようなナッツは室温でほぼ完全に液状の油脂を含有している．プラリネはチョコレートと同様に製造されるがヘーゼルナッツが用いられる．これらが接触すると，油脂相は平衡状態へ移行しようとする（Figure 6.12）．センターの液状油はチョコレート側へ移動し，共晶現象によってチョコレートは非常に軟化する．共晶状態がひどい場合にはココアバターの一部は液状となる．反対にココアバターの一部はセンター側へ移動し，センターを固くする．このようにして食感の違いが小さくなり，製品の魅力は失われるのである．柔らかい油脂が表面へ移動する際，一定量のココアバターも同時に輸送され，その結晶化によってブルームが生成する．また，この種の油脂はココアバターのV型からVI型への転移を促進しブルームを速める．

このブルームを抑制するにはいくつかの方法がある．一つは，柔らかい油脂がチョコレートへ移行しないようにするもので，チョコレートのシェル内側に固い油脂層を作るものや，センターをスポンジ様構造とするものである．また，チョコレートまたはセンターに抗ブルーム油脂を添加し，センターに入れる場合は柔らかいナッツ油と一緒に移行させようとするものである．このような油脂にはファットブルームを生じるV型からVI型への転移速度を低下させる性質がある．

これらは菓子に使用可能な植物性油脂の一つである．その他には耐熱性の向上やテ

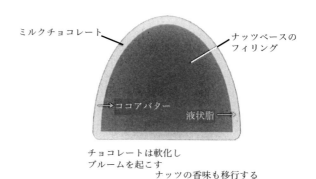

Figure 6.12 ナッツを使用したフィリングチョコレートにおける油脂移行

ンパリング操作を不要とするものがある．

6.6 ココアバター以外の植物性油脂

　長年にわたり，植物性油脂はチョコレートやチョコレート様コーティングに使用されてきた．第一次世界大戦中，Rowntree はココアバターを購入できなかったため，チョコレートへ植物性油脂を使用した．1950 年代の研究により動物性油脂とは異なり，ある種の植物性油脂にはココアバターと同じトリグリセライドの含まれることが明らかとなった．その結果，1956 年にココアバターとほぼ等しい油脂を別の植物性油脂から製造する特許を Unilever が取得した．この油脂は商業的に生産されチョコレートへ添加されてきた．現在の EU 規制では，製品をチョコレートと呼ぶためにはこのような油脂の使用量は 5% までと制限され，明確な表示も必要である．これ以上の使用や他の油脂を使った場合はチョコレート風味コーティングなどの他の名称で販売しなければならない．規制は国毎で異なり，すべてのココアバターを他の油脂で置換することが許される国もある．

　Unilever によって開発されたものや現在入手できる植物性油脂は，ココアバター代用脂（CBEs）と呼ばれる．それはココアバターと非常に似ており大きな軟化や硬化を示さずに，ココアバターとどのような割合でも混合できるものである．別の種類に，ココアバターのほとんどすべてを代替することで使用できるものがあり，ココアバター代替脂（CBRs）と呼ばれる．

6.6.1 ココアバター代用脂（CBE）

　軟化現象を起こさずにココアバターへ添加できるようにするためには，ココアバターと同様の結晶化をしなければならない（つまり同じ大きさと形の椅子である）．ココアバターはグリセロール骨格にパルミチン酸（P），ステアリン酸（St），オレイン酸（O）を結合しており，主要な分子は POP, POSt, StOSt である．したがって，油脂製造者はこれらの分子を異なる起源から得てブレンドしなければならない．

　POP はマレーシアで広く栽培されているパーム（*Eleaeis guineensis*）から得られるパーム油の主成分なので容易に入手できる．他の油脂も多く含まれているが分画によって除去することができる．低融点部（オレイン）と高融点部（ステアリン）を除去すると，主に POP と少量の POSt を含む中融点部が得られる．分画にはドライ分画と溶剤分別の二方法がある．ドライ分画は油脂を一定温度に加熱し，液体部分と固体部分をろ過またはプレスによって分離する．溶剤分別では，油脂を通常アセトンまたはヘキサンに溶解し，高融点トリグリセライドを結晶化させ濾過分離する．この方法はドライ分画よりも精度が高い．

StOSt や多量の POSt の入手は困難である．この種の油脂を含むナッツにイリッペ (*Shorea stenoptra*) がある．これはボルネオに生育しているが継続的な利用は難しい．西アフリカに生育するシア (*Butyrospermum parkii*) やインドのサル (*Shorea robusta*) は多量の StOSt を含むが収穫量は不安定で品質も劣る．しかしパーム中融点部とイリッペまたはシアステアリンの混合によりココアバターと完全な相溶性を持つ油脂を製造することが可能である．

夏季において南ヨーロッパや熱帯地方ではチョコレートは環境温度によって容易に融解する．StOSt 比率を調整することで，口中でワキシー感を与えることなく通常のココアバターよりも数度高温になっても融解しないチョコレートを作ることが可能となる．Figure 6.11 のような測定をすれば，ほぼ垂直な融解曲線は右方に移動し 36℃以上で固体脂がほぼ存在しない状況となる．この種の油脂はチョコレート物性を改善するため，ココアバター改善脂（CBI；cocoa butter improver）と呼ばれる．高融点成分の入手は困難なため，CBI は CBE よりも高価である．

6.6.2 酵素によるエステル変換

高品質な高融点油脂は入手困難であるため，油脂製造会社はひまわり油などの他原料から製造する方法を開発している．これをパーム油と混合し CBE とするのである．

酵素は人間の体内外で天然に存在し，グリセロール骨格から部分的または完全に脂肪酸を分解する速度を高め，グリセロールと共に部分グリセライド（モノグリセライドやジグリセライド）を生成する．このような酵素にリパーゼと呼ばれるものがあり，小麦粉に含まれるものはある種の油脂から脂肪酸を遊離し不快なチーズ様香味を呈するため，菓子製造者にとって問題となることがある．位置特異性のあるリパーゼではグリセロールの特定部位のみの脂肪酸遊離反応を促進する．また脂肪酸遊離と同様に脂肪酸交換も行う．油脂製造会社はこの性質を利用し油脂の融解挙動を変化させるのである．

1970 年代に英国の Colworth House にある Unilever Research Laboratory において，mucor miehei と呼ばれるある種の酵素がトリグリセライドの 1-位と 3-位のみに反応することが示された．彼らの開発した方法は 2-位に主にオレイン酸を有するどのような油脂にも使用可能である (Figure 6.13)．その後ステアリン酸と酵素を混合するので

Figure 6.13 酵素によるエステル交換反応

ある.この遊離ステアリン酸は,酵素によって元の油脂から除去された1-位及び3-位にエステル化される.中央(2-位)のオレイン酸は変化せずに残るので油脂はStOStに富むものとなる.酵素によって遊離された脂肪酸は脱酸処理によって除かれ,その後分画,精製されて不純物が除去される.このようにして製造された油脂の菓子製造工程や食した際の口中挙動は,熱帯ナッツ油から直接得られたものと同一である.またココアバターと完全な相溶性があるのでチョコレートにどのような濃度でも添加可能である(しかしEUではチョコレートとは呼べない).しかしながらある種の油脂は非常に物性が異なる.

6.6.3 ラウリン系ココアバター代替脂(CBR)

ココアバターと同様の温度範囲で融解し,似たような食感を持つがココアバターとは全く異なる形で結晶化する油脂がある.パーム核油及びヤシ油は広く入手可能であるが約50%のラウリン酸($C_{12:0}$, dodecanoic acid)を含み,多くはトリラウリンとなっている.ココアバターとは異なり,これは一種類の形で結晶化するため予備結晶化は不要である.この結晶はβ型(ココアバターのV型様)ではなくβ'型(IV型に相当)である.

ここで椅子の積み重ねモデルに戻ろう.ラウリン系油脂とココアバター混合物の固体脂含量を測定することにより明瞭に示される(Figure 6.14).それぞれが5%の混合領域を除き,これら油脂混合物は共晶となり非常に柔らかく固化に長時間を要し,さらにブルームも速い.

つまり,このようなラウリン系CBRはココアバター含量が非常に少ない場合にのみ使用可能であることを示している.カカオリカーは約55%のココアバターを含むた

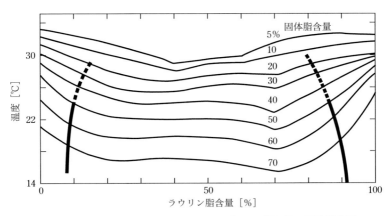

Figure 6.14 ココアバターとラウリン系CBR混合物の固体脂含量
Loders Croklaanの許可を得て転載.

め，CBRを使う場合には通常ココアパウダーを使用する．つまり香味が異なることとなる．しかしテンパリングする必要がないので，小さな菓子店や家庭でコーティング用として使われることが多い．この種の油脂では急冷却しなければならない．初期の製品の艶は非常に良い．

ラウリン系油脂を使う場合，乾燥した環境で使用することが極めて大切で，また他の原料もリパーゼを含まないことが求められる．それは，水分のある環境においてリパーゼはグリセロール骨格からある種の脂肪酸を速く遊離するからで，これにより産生した酸のあるものは，ごく少量でも極めて不快な石鹸様香気を持つからである．ココアバターとの相溶性が若干良い油脂も存在する．

6.6.4　非ラウリン系ココアバター代替脂（CBR）

パーム油や大豆油にはココアバターと同じ脂肪酸が多く含まれており，ステアリン酸，パルミチン酸，オレイン酸を分画により取り出すことができる．しかしそれらはココアバターよりもランダム，つまりオレイン酸が1-位や3-位に多く結合している．また多量のエライジン酸（$C_{18:1}$, octadec-*trans*-9-enoic acid）も含まれていることがある．これはトランス型不飽和脂肪酸で，不飽和炭素に結合した水素原子がFigure 6.15に示す通り，二重結合の反対位置にある．そのためココアバター中の不飽和脂肪酸であるオレイン酸（$C_{18:1}$, octadec-*cis*-9-enoic acid）とは大きく異なる構造をしている．シス型ではFigure 6.15の通り，水素原子は二重結合の同じ側に存在する．

このようなランダムで異なる構造の不飽和脂肪酸の存在は，この種の油脂がココアバターと相溶性の小さいことを意味している．ココアバターとの混合系の固体脂含量をFigure 6.16に示す．繰り返すが，これら両油脂が同量で存在すると軟化や速いブルームが生じる．しかしその程度はラウリン系油脂よりも小さい．また，チョコレート製造者にとって非常に重要な点は，ラウリン系油脂にはココアバターは7％程度しか添加できないが，非ラウリン系油脂では25％まで混合できることにある．つまりチョコレート香味を持つコーティングがカカオリカーを用いて作れることを意味し，通常のチョコレートにより近い香味を持たせることができるのである．

非ラウリン系油脂はラウリン系油脂と同様，β 型として結晶化するためテンパリング操作は不要である．しかしココアバター含量が高い場合にはテンパリングを行った

Figure 6.15　シス型とトランス型の構造

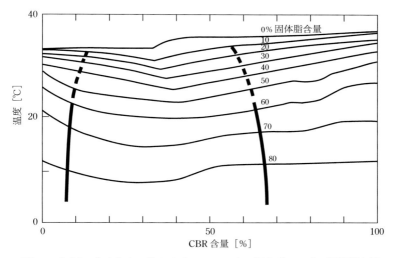

Figure 6.16 非ラウリン系 CBR とココアバター混合系における固体脂含量
Loders Croklaan の許可を得て転載.

方が良いこともある．また，ラウリン系 CBR よりも冷却時間は長くなる．

6.6.5 低カロリー油脂

米国では特に低カロリー製品への需要が高い．砂糖やタンパクが 5 kcal/g であるのに対し，通常の油脂は 9 kcal/g である．つまり油分が下がれば全体のカロリーは低下することとなるが，食感と製造上の問題から油分を 25％以下とするのは不可能である．これでは低カロリー製品を作ることはできないため，ココアバターと同様の融解挙動を持ちながら低カロリーである油脂を二つの会社が開発した．ラウリン系油脂のようにこれらの油脂はココアバターとの相溶性がないため，製品はココアパウダーを使用しなければならない．

Procter & Gamble はカプレニン（Caprenin）と称する油脂を開発したが，カプリル酸（caprylic, C_8），カプリン酸（capric, C_{10}）及びベヘン酸（behenic, C_{22}）から構成されている．カプリル酸とカプリン酸は鎖長の違いのために，ココアバター構成脂肪酸とは体内での代謝経路が異なり，ベヘン酸はほとんど吸収されない．つまりこの油脂は炭水化物に近い熱量となり 5 kcal/g とされている．

サラトリム（Benefat™）は Nabisco が開発したもので，トリグリセライドは長鎖及び非常に短鎖脂肪酸から構成されている．この油脂も 5 kcal/g の熱量とされている．これら両油脂はごく限られた国でのみ使用が認められている．

参照文献

1. G. Talbot, Chocolate Temper, in *Industrial Chocolate Manufacture and Use*, ed. S. T. Beckett, Blackwell, Oxford, UK, 3rd edn, 1999.
2. K. F. Van Malssen, A. J. Van Langevelde, R. Peschar and H. Schenk, *J. Am. Oil Chem. Soc.*, 1999, **76**, 669–676.
3. G. Ziegleder, Verbesserte Kristallisation von Kakaobutter Unter Dem Einfluss Eines Scherge Falles, *Int. Z. Lebensm. Techn. Verfahrenst.*, 1985, **36**, 412–418.

第7章　チョコレート製品の製造

　液状チョコレートが製造されると，次にムク板チョコレートやフィリング入りチョコレート（ウェハー，ビスケット，フォンダントなど）へ成型する必要がある．しかしその前に，油脂を正常な結晶形として固化するためにテンパリングと呼ばれる工程がとられる．簡単なムクチョコレートはテンパリング後，型に注入することで製造される．その他の型成型製品には，シェルチョコレート中に固体や半固体センターが入ったものがあり，イースター卵ではシェルだけの中空のものがあるが，これらはシェル成型という工程で製造される．

　Roald Dahl による有名な小説，「チャーリーとチョコレート工場（*Charlie and the Chocolate Factory*）」ではチョコレートの滝が登場するが，その小規模なものはエンローバーといわれる装置の中に実在する．この装置では約3cmの高さから滝状に流下するチョコレート中を，ワイヤーベルトに乗った菓子センターが通過するものである．Mars Bar® や Lion Bar®，Crunchie® などの有名な商品はこのようにして製造されている．

　センターへのチョコレート被覆のその他の方法として釜掛け（panning）がある．これはナッツやレーズンなどの固いセンターへのチョコレート被覆に用いられる．

　どの方法をとろうとも，チョコレートは輸送や包装をするために固化しなければならない．適正な固化をしなければ，チョコレートは二種類のどちらかのブルームを迅速に生成する．

7.1　テンパリング

7.1.1　液体チョコレートの貯槽

　本工程は油脂を正常な結晶形として迅速に固化させるために，チョコレート中の少量の油脂を予備結晶化させ結晶核を生成させるものである．正常な結晶化のために必要な結晶量は不明だが，おそらく 1〜3％ である．

　液状チョコレートはコンチェから通常約40℃で排出され，同一工場であれば使用されるまでタンクで貯槽される．タンクは20トン以上の容量のものがあるが，低湿度環境下で加熱撹拌しなければならない．

　撹拌を行わずに長時間放置すると，チョコレート中の油脂が上部に浮き，同時に粘度の高いチョコレートが下部に分離してしまう．温度は約45℃に維持する．高温で

長時間保持すると香味変化が生じ，ミルクチョコレートでは乳タンパクが凝集し粘度が上昇する．低温では結晶化が進行しタンク内固化の危険が生じる．カカオ豆輸送の項で述べたように，相対湿度がカカオ豆の平衡相対湿度（ERH；equilibrium relative humidity）以上の場合，吸湿が起こる．同様の現象は液状チョコレートでも生じる．この場合 ERH は 35〜40% なので，タンク周辺の相対湿度がこれ以上のときチョコレートは吸湿する．少量の水分でも砂糖粒子の結着が生じて粘度が高くなり，加工困難となる．

7.1.2　テンパリング装置

　テンパリングマシンは結晶生成を起こすために，初めにチョコレートを冷却しなければならない．チョコレートの熱伝導率は小さいため，迅速に冷却するために良く撹拌してテンパリングマシンの冷却壁と接触させるようにする．この装置は熱交換器の一種でチョコレートが通過する際に加熱冷却するものである．典型的なチョコレートテンパリングマシンを Figure 7.1 に示す．

　回転する中心軸には数枚のディスクやかきとり器が付いている．チョコレート生地が装置内を短絡せず，壁方向と中心方向へ順番に流れるように壁には棒やディスクが設置されている．中心軸を高速で回転させるほど，ずり速度が高まり結晶化も促進される．多くのテンパリングマシンではこの速度は 3000〜8000 s^{-1} である．上限はモーター能力と結晶を融解させてしまう撹拌熱によって決められる．

　外壁表面温度は注意深く制御しなければならないが，この温度はテンパリング程度を決定する．温度は通常，ゾーンと呼ばれる区分毎に設定する．多くの装置には 3〜4 ゾーンがあるが，さらに多いものもある．

　第 1 ゾーンではチョコレートを結晶が生成し始める温度まで冷却する．第 2 ゾーンでは IV 型及び V 型が生成するようにさらに温度を低下させるが，同時にチョコレートは大きなシアを受ける．最終ゾーンでは約 30℃ まで昇温し不安定多形を融解する．

　チョコレート粘度は他の物質と同様，昇温により低下する．チョコレート粘度が低いほど型やセンター周囲へ流すのが容易となるので，種結晶を融解しない範囲でチョコレートはできるだけ高温で処理することが望ましい．新しく生成した結晶は小さく融け易い．このチョコレートを撹拌しゆっくり昇温すると結晶はより安定となり融点が上昇する．このため，テンパリングマシンによっては低速のシアをかけ結晶を「熟成」させるための付加装置を備えたものがある．

7.1.3　ハンドテンパリング

　小規模なチョコレート製造ではテンパリングマシンでは能力が大き過ぎる場合があり，その時にはハンドテンパリングが行われる．それは場所毎に異なる温度に加熱でき

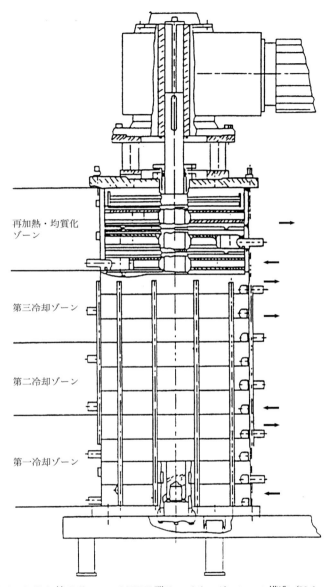

Figure 7.1 Sollich 社 Solltemper MST-V 型テンパリングマシンの構造（Nelson [1]）

るマーブル台上で行われる．チョコレートを冷却エリア上に注ぎスクレーパー（Figure 7.2a, 7.2b）を用いて良く撹拌する．これによって冷却撹拌が施され結晶化が開始するので，その後チョコレートを台上の加熱エリアへ移し不安定結晶を融解させる．この

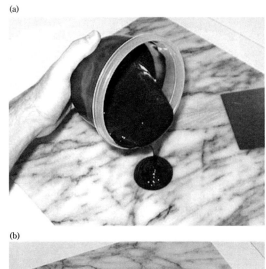

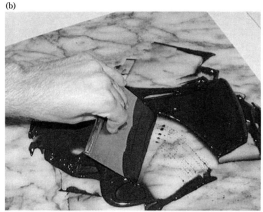

Figure 7.2 ハンドテンパリングの方法
(a) チョコレートを注ぐ (b) チョコレートをかきとる

手法は高度な職人技で，人によってはテンパリング状態の正否を，少量のチョコレートを唇に乗せることで判断する．テンパリングが正しくできていれば，唇に冷たさを感じるのである．経験の少ない場合は以下に述べる方法で測定する．

7.1.4 テンパリング状態の測定

チョコレートがテンパリングマシンから流出した際，チョコレート製造者にとってチョコレートが適正に固化するために正しい多形で十分量の結晶が存在することを確認することが重要である．

研究室では存在する結晶多形をX線で正確に測定することが可能であるが，これは

高価な装置で時間を要するばかりでなく，X線スペクトルに妨害を与える砂糖を除去しなければならないという問題がある．つまり測定中に試料が変化してしまう可能性もあるので工業的使用には現実的でない．

示差走査熱量計（DSC；第8章参照）はチョコレート中に存在する結晶に関し多くの情報を与えるが，非常に注意深いサンプル調製が必要である．この種の装置は研究用で非常に高価であり，日常の品質管理には煩雑すぎる．

固体脂含量について述べた第6章において，油脂は融解時にエネルギーを必要とするため口中で冷感を感じることを示した．この潜熱は温度を1℃上昇させるに必要な比熱と比べて非常に大きいものである．口中での融解時には結晶潜熱は吸収されるが，油脂が液状から結晶化する際のチョコレート固化時には放出される．チョコレート製造者はこの効果を利用し，冷却曲線を測定することによって，テンパリングが適正であるかどうかを調べることができる．

本測定はFigure 7.3に示したような，非常に簡単で安価な装置で行うことができる．得られる典型的な冷却曲線をFigure 7.4に示した．装置はチョコレート試料を入れるカップの付いた金属管でできている．蓋を通して温度センサーを挿入し，図に示したような記録紙またはコンピュータで測定する．金属管はホルダーを介して魔法瓶の所定位置に入れ，カップ部が水面上となるように設置する．

魔法瓶には水と氷を入れ金属管を設置する．テンパリングしたチョコレートをカップに注入し温度計と蓋をし，時間に対し温度測定を行う．

温度は初期において緩慢に，単調に低下する．チョコレートが適正にテンパリングさ

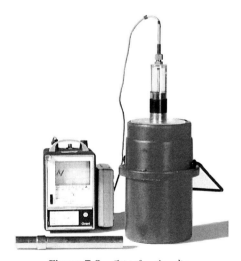

Figure 7.3　テンパーメーター

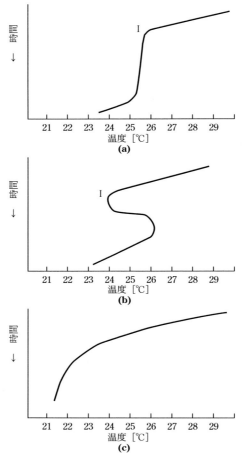

Figure 7.4 テンパーメーターで得られる曲線
(a) 適正にテンパリングされたチョコレート, (b) アンダーテンパー (under-tempered),
(c) オーバーテンパー (over-tempered)

れている場合，十分な量の種結晶がチョコレート中に均一に分散されているため固化が速い．この際，潜熱が放出されるので，Figure 7.4a のように氷による冷却に逆らって温度低下は長時間停止する．

種結晶量が十分でない場合，チョコレート固化には長時間を要する．また固化すべき油脂量が多いため多量の潜熱が放出される．つまり初期の温度低下時間が長くなり，多量の潜熱によってチョコレート温度が上昇することとなる．潜熱放出が終わると，温度は再び低下する（Figure 7.4b）．

種結晶が無い場合や多すぎる場合（かなりの潜熱が既に除去されているとき），Figure 7.4c

のような曲線が得られる．つまりチョコレートは正常に固化しないことを示す．この場合には主に比熱のみが除去されるのである．種結晶が存在しない場合は潜熱が緩慢に放出されるが，それはエネルギー状態の小さい不安定結晶が生じるためである．

曲線に変曲点が得られた場合，Figure 7.4 a,b における I 点が重要である．その温度が高いほど結晶は熟成しており，チョコレートを型注入したり被覆する際の温度も高くできる．

コンピュータの搭載された装置も販売されており，冷却速度を計算し，その結果「テンパー指標（temper number）」を算出する．また，本装置をインラインに設置しテンパリングを自動化したものもある．いずれも上述したものと同じ原理で動作する．

7.2 型成型

7.2.1 板チョコレート

型成型はチョコレート成型で最も単純な方法で，板チョコレートを製造するものである．長年にわたり，金属型が使用されてきたが，これは重く騒音もひどく，また高価であった．価格の問題は特に重要で，型成型ラインにはおよそ 1500 枚もの型が使われるため，製品形状や重量を変更するときには全てを交換しなければならないからである．現在では軽く騒音の少ないプラスティック型が使われている．この型には板チョコレートが付着した際にこれを剥離するための捻りを行えるという利点もある．

テンパリングされたチョコレートが高温の型表面に接すると結晶は融解するので，チョコレートが正常に固化するための結晶が失われる．また，冷たい表面に接触した場合には，油脂は部分的に不適正な結晶形として固化する．これはその後の冷却で，不適正な結晶核として作用する．したがって，空の型はチョコレートを注入する前に予備加熱し，テンパリングされたチョコレート温度と数度以内とすることが重要である．

チョコレートはデポジッターヘッドから型へ注入される．このヘッドには下部の型の凹みと同数のノズルが装着してある．1 m 幅の板チョコレート成型プラントでは 10～20 のノズルがあり，型はノズル下部を通過する（典型的な設計を Figure 7.5 に示した）．場合によってはチェーン

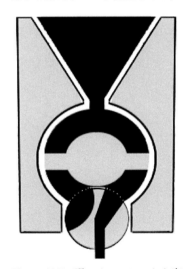

Figure 7.5 型へチョコレートを定量充填するピストンタイプデポジッター

他の装置によって型をノズル直下まで持ち上げる．そこでチョコレートがノズルを通して棒状に流下し，前進する型へと注入される．この種のデポジッターは正確な重量を吐出するように設計されており，吐出が終了すると同時に型は迅速に初めの位置へ戻る．この動きによってノズルに付着したチョコレートを切るのである．

チョコレートはその後，型内部に均一に広げること及び，Figure 7.6 に示したような外観を損ねる気泡を除く必要がある．これは型を激しく振動させることで行われる．第6章においてチョコレートは非ニュートン流体であり，降伏値を持つことを述べた．つまり，流動させるためにはエネルギーが必要なことを意味している．降伏値はチョコレート中を上昇する気泡を停止させる力としても作用する．しかし適正な振幅と振動数を持つ振動装置によって，非ニュートン流体をニュートン流体へ変化させ，気泡を容易に上昇させることができるのである．

液体チョコレートが静止している場合，粒子はお互いが接触しており動かすのが困難となる（Figure 7.7a）．振動によってこれらを分離するエネルギーを与えるので，動きへの抵抗と降伏値が低下するのである．気泡の上昇は非常に遅いため，低シア／低流速時の粘性がどの程度かを知る必要がある．Figure 7.7b には低流速時の見かけ粘度を，三種類の振幅において振動数に対してプロットした[2]．この結果からは，我々はこのチョコレートに対し少なくとも 0.2 mm の振幅で 10 サイクル／秒以上の振動を与えねばならないこととなる．30 サイクル／秒ではチョコレートの見かけ粘度は，振動しない場合と比較して 1/7 以下となる．低振動では効果が小さいため，チョコレート製造者は多額の費用とエネルギーを振動装置に投じるのである．しかし振動を大きくし過ぎても効果は上がらない．振動によるチョコレート粘性の低下は振動装置が作動している箇所のみで起こり，型がこの部位を通過すると粘性低下は止まる．

Figure 7.6 気泡によって生じたチョコレートの穴

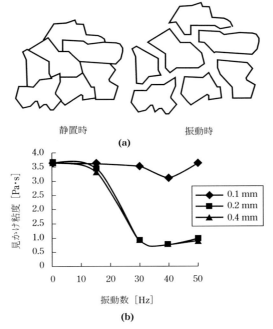

Figure 7.7 (a) 分散系固体粒子に対する振動の効果，(b) ミルクチョコレートの見かけ粘度に対する三種類の振幅における振動数の影響

7.2.2 シェル成型品

多くの型成型チョコレートには，チョコレートと味や食感の異なるセンターが入っている．これらにはキャラメル，フォンダント，プラリネなどがある．また，イースター卵などは中空のシェルである．これらの製品はシェル成型ラインで製造され，その概要を Figure 7.8 に示す．

このラインの前半は板チョコレート製造と同様であるが，チョコレートを完全に固化させず，外側のみを固化させる短い冷却トンネルを通過させる．その後，型を反転させて振動すると固化していない部分のチョコレートが流下するため，再度反転させて殻（シェル）ができる．

本工程にはいくつかの重要なポイントがある．第一にチョコレート粘性，特に降伏値が適正でなければならない．これが不正確な場合，例えば降伏値が高すぎるとチョコレートは全く流下しないことになる．降伏値が低すぎると，流下するチョコレートが多くなりシェルは薄くなりすぎる．粘度も適正でないとシェル厚が不均一となる．シェル厚に薄い部分があると，最終製品においてセンターの漏洩につながり（Figure 4.3），さらにイースター卵では壊れやすくなる．第二に，冷却時間も正しくなければ

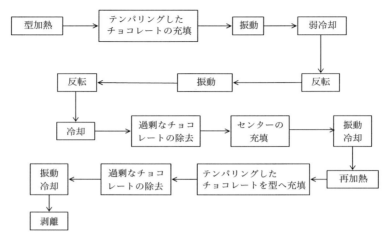

Figure 7.8 チョコレートシェル製造工程の概要

ならない．シェルを固化させる時間をとらねばならないが,長すぎると全体が固化し,場合によっては収縮が生じてシェルが落下してしまう．板チョコレートにおける気泡除去と同様，シェルの重量管理のために振動装置の振動数と振幅は適正でなければならない．

　チョコレートの流下が終わると,シェルへの充填を行うために型を再び反転させる．中空チョコレート製造の際にはそのまま冷却し完全固化,収縮させる．その後,型を再度反転しシェルをコンベアベルト上に落下させ包装工程へと移送する．イースター卵の半分のシェルをすべて同重量とすることは困難なため，包装ラインによってはシェル重量を測定し，軽量・平均・過量の三種類に分別している．そして，平均重量のものを2個，または軽量品と過量品を合わせて包装するのである．

　中空卵や他の中空製品を作るには別の方法もある．これらにはブックモールド法やスピニング法がある．前者では二枚の型が蝶番で接合されており，通常の方法でシェルが作られる．その後リムが加熱され蝶番によって本のように型を閉じるのである．

　スピニング法は二枚の型を閉じてクランプで止め，テンパリングしたチョコレートを定量注入する．その後，型を自公転する回転装置に置くと型の内面が均一にチョコレートで被覆されながら固化する．固化が終了したら型を開き中空品を取り出す．

　シェルへセンターを充填する際は，センターがシェルチョコレートを融かさないように注意しなければならない．これは30℃で液状であるフォンダントやプラリネのような油脂性フィリングであれば容易である．しかしキャラメルでは困難である．それは温度によって粘度が急激に変化するためである（Figure 7.9）．また，キャラメルをチョコレートシェルへ充填する場合は，ボトムへ付き抜ける突起やテールを形成せず

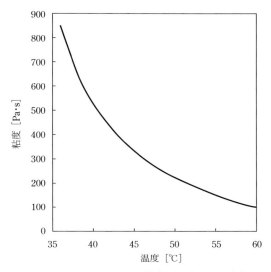

Figure 7.9 キャラメル粘度の温度による変化

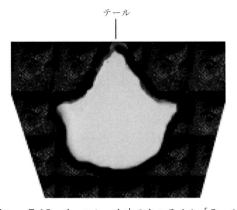

Figure 7.10 チョコレート中のキャラメル「テール」

に平らな上面とすることが重要である（Figure 7.10）．チョコレートは通常，センターの乾燥（またはセンターがウェハーなどの場合には吸湿）を防ぐバリアとして働くが，このようなテールがあると水分の通り道となり製品保存性が低下する．さらに外側に付着性があると包装時にも問題となる．以上から，流動性をなるべく高めるために，キャラメルはできるだけ高温で充填しなければならないが，チョコレートシェルを融解させない程度でなければならない．

センターが充填されると，チョコレート底面（ボトム）をシェルへ注入する．これに

Figure 7.11 均一な製品底面を形成するために用いられるスクレーパー刃

は通常，Figure 7.11 に示したような型へ押し付けるスクレーパー刃が用いられる．刃の手前でテンパリングしたチョコレートを注ぎ，その後回転ロールで処理する．ロール処理によってチョコレートを完全に充填し，その後の刃で過剰のチョコレートを除去するのである．

型はその後冷却トンネルで冷却し，シェルと底部を完全に固化させてから再度反転しベルト上に製品を落下させ，包装室へ運ぶ．外側の油脂は型表面に接触しているので平滑で艶のある状態となる．贈答用詰め合わせチョコレートでは型成型品の方がエンローバー品よりも艶は優れている．

7.3 エンローバー

エンロービングではヌガーやビスケット，フォンダント，キャラメルなどのセンターを予め別工程で成型しベルト上に置いてエンローバーを通過させる．目的は底部や側面を含むすべての表面をチョコレートで均一に被覆することである．この工程で製造される典型的な例に Mars Bar® や After Eight®，Cadbury's Crunchie® などがある．

型成型と同じく，テンパリングチョコレートを用いる必要がある．テンパリング装置はエンローバー内部または近傍に設置し，チョコレートは二重配管で輸送する．

典型的なエンローバー装置を Figure 7.12 に示した．センターは Figure 7.13 のように連続ワイヤーベルト（A）に載せ，「チョコレート滝」（B）の下を通す．ベルト直下にはボトミングトラフがある（C）．これはワイヤーベルトから落ちるチョコレートを保持し，トラフの前部に設置された回転ローラーによって再循環させる．ローラーから持ち上げられたチョコレートはセンターと一緒に動き，わずかにセンターを押し上

7.3 エンローバー

Figure 7.12 エンローバー装置で「チョコレート滝」へ入るセンター

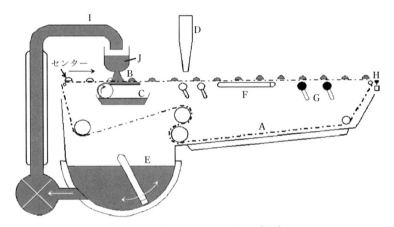

Figure 7.13 エンローバーの概要

げながら下面にチョコレート層を形成する．一台のエンローバー装置で，「チョコレート滝」を二回通過させることが多いが，二台のエンローバーを直列に設置することもある．この方法は製品表面に突起があるなど，不均一な場合には非常に有効である．第一被覆では降伏値の低いチョコレートを用いてすべての割れ目にチョコレートを流し込むことで製品を吸湿から保護する．二台目のエンローバーでは降伏値の高いチョコレートを用いてチョコレートを付着させ，よりしっかりした外観とするのである．

チョコレートをセンターに掛けた後，個々の重量は正確で正しい外観としなければならない．これは種々の装置で行われ，製造品目に合わせた制御をする．

一つ目の装置は上部や側面の余剰チョコレートを吹き飛ばす温風（D）で，上部から噴き出してチョコレートをエンローバー基部（E）へ落とす．この操作により，特

に降伏値が高い場合は表面が波目状となる．そしてシェーカー（F）により表面を滑らかとし，さらに余剰のチョコレートが除去される．前述したように，シェーカーは降伏値に打ち勝つために適正な振動数と振幅条件で操作しなければならない．

次はボトム（base）の問題である．チョコレートはボトミングトラフ（C）へ入るが，厚すぎる部分や不均一な厚み，あるいは被覆されていない部位などもできてしまう．これらはグリッド-リッキングロール（G）で修正される．これは装置によって1～3本あり，それぞれ回転数が異なる．またワイヤーベルトからの距離も異なって設置されている．リッキングロールによってチョコレートをボトムへ付着させたり除去したりする．ロール上に残ったチョコレートは刃で除去され装置下部へ流下する．

次の工程は上面の装飾である．多年にわたり装飾は Figure 7.14 に示すようなフォークなどを使って手作業で行われてきた．現在のほとんどの製品は回転ローラーで模様が付けられている．これは製品上部に接触させたり，またはプログラム可能な動くノズルによって同色または異なる色のチョコレートで種々の模様付けができるものである．

最後に製品は別のプラスティックベルトに載せて冷却トンネルを通過させる．このベルトには製品名や製造者名の浮き出し模様が付けられている．チョコレートは半固化状態であるため，この模様がボトムに転写されるのである．これは，艶以外で製品が型成型で製造されたか，エンローバーで製造されたかを知る方法の一つである．エンローバー製品は上部の模様は不明瞭であるがボトム部に文字他が付いているのに対し，型成型品では頂部に特徴的な模様があるものの，ボトム部は通常平滑である．

冷却用プラスティックベルトはワイヤーベルトよりも高速で動くことが多い．この

Figure 7.14 手作業による装飾用治具（Nelson[3]）

Figure 7.15 冷却トンネルのベルト上でのチョコレート「テール」

ため，製品が列間で切り離され，包装時に取り出しやすくなる．しかしこの動作は製品をワイヤーベルトから引っ張るため，背部に長くて薄いテールを形成することとなる（Figure 7.15）．このテールが製品に付着した状態では包装が困難となり，多くの場合異形品として販売しなければならなくなる．これを取り除くためには，二本のベルト間に小さいローラーを設置する（H）．これを高速回転させて製品からテールを除去するのである．効果的に作動させるためには適正な位置に設置しなければならない．位置が低いと効果はなく，高すぎても製品のボトムに模様がついてしまう．

7.3.1 テンパリングされたチョコレートの保持

　テンパリングされたチョコレートは非常に不安定な状態である．結晶核を融解しないために温度は低くなければならないが，この温度では結晶成長が生じるため経時的にチョコレート粘性は増大し，長時間後には固化する．

　エンローバーではテンパリングチョコレートは装置基部へ供給される（E）．ここから配管（I）を通して流下パン（J）へポンプ輸送される．このパンはワイヤーベルト幅の大きさで下部に一つまたは二つのスリットがあり，ここからチョコレートが滝状に流下する．前述したように，流下したチョコレートのほとんどは製品の無い場所から直接ワイヤーベルトへ落下し，また風による除去や振動によっても落下する．この結果，チョコレートは経時的に粘性上昇が生じ，オーバーテンパリング状態となる．

　製品によって持ち去られたチョコレートは新しくテンパリングされたチョコレートによって供給されるが，この量では通常はチョコレート増粘を抑えることはできない．したがって安定状態を維持するためには，エンローバータンクから一定量のチョコレートを連続的に除去する．除去されたチョコレートは40〜50℃に加温し油脂結晶を融解してテンパリングマシンへ環流するのである．

7.4 チョコレートの固化

型成型プラントから剥離したチョコレート中の油脂は，まだ多くが液状である．これを十分に固くし，包装工程で扱いやすくするためには油脂を適正な結晶形として固化しなければならない．このためには多量の潜熱及び比較的小さい比熱の除去が必要である．チョコレート温度は30℃よりも数度低くなっており，包装前であれば室温に近くなっているので，低下温度は10℃以下である．チョコレートの比熱は約 1.6 J/g/℃ なのでおよそ1グラム当たり 16 J の除去が必要である．一方，潜熱は 45 J/g なので，1グラム当たり 45 J が必要である．したがってチョコレートを固化させるためには合計で1グラム当たり 60 J 以上の冷却が必要となる．

物体が熱を失うには，伝熱・放射・対流の三つがある．伝熱では物質が冷却されたものと直接接触することにより熱が流れる．この場合，チョコレートはプラスチック型やベルトとのみ接触しているが，これらは熱伝導率が小さいので熱エネルギーは逃げにくい．しかし薄く平らな製品ではベルト下に設置した冷却面によって結晶化を促進させることができる．放射による熱転移速度は周囲と物体との温度差の四乗 (ΔT^4) によって決まる．ここでは菓子の温度は25℃で，周囲の温度を0℃と仮定した場合（この温度は後に述べるように低すぎるが），熱転移量は $126\ \mathrm{W/m^2}$ となる．

第三の方法は，製品に冷風を吹き付けることである．風は熱を取り去り，再冷却される．冷風温度が0℃で製品上を 240 m/min で流れると熱転移は $630\ \mathrm{W/m^2}$ となり放射の5倍となる（Nelson[3]）．

しかし低温では二つの問題が生じる．第一に油脂が不適正な形で結晶化することであり，製品が速くブルームしやすくなったり，型成型チョコレートでは収縮が悪くなり剥離困難となる．第二は空気中の水分が冷たい表面で凝縮しチョコレート上に滴下する問題である．この水はいくぶんかの砂糖を溶解し，包装時に温められると水は蒸発して表面に白い粉を生じる．これはファットブルームのように見えるが粉は砂糖であるためシュガーブルームと呼ばれる．可能であれば，周囲の温度は水が凝縮する温度である露点以上とすべきである．

7.4.1 冷却装置

多くの冷却装置は送風機のついた長いトンネルで，いくつかの冷却器を持っており，異なる温度ゾーンに区分できる．その断面図を Figure 7.16 に示す．

初期冷却は，特にエンローバー製品では緩慢とし，続く最低温部でほとんどの潜熱を取り去る．温度は通常13℃とするが，結露を防ぐために空気流量を速くすれば，さらに低温でも良い．最後に製品が包装室へ入る前に温度を少し上昇する．それは製品表面温度が包装室の露点より低い場合，チョコレート表面で水分が凝縮しシュガーブ

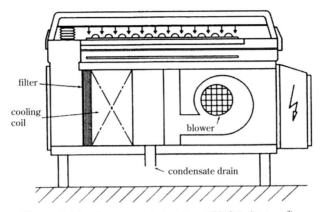

Figure 7.16 Gainsborough クーラーの断面図（Nelson [3]）

ルームが生成するからである．

　スペースが限られている場合，特に型成型ラインでは多段式クーラーが使われる．この中では異なる温度帯を製品が前後に移送される．したがって三段式クーラーの場合，同等長さのトンネルクーラーよりも6倍の冷却時間をとることができる．

　多段式クーラーの最大の問題は，段を持ち上げる際に製品を水平に保たねばならないことで，そのためには型やエンローブされた製品の載ったプラスティック板をチェーンで固定し連続駆動する方式が採用されることが多い．

　製品の固化時間は，チョコレート中に既に存在する結晶量ばかりでなく，その種類や量に依存する．大きなブロック状チョコレートでは一口サイズの小さなチョコレートよりも固化に長時間を要する．しかし良品質の製品を得るための冷却時間は通常10〜20分程度である．

7.5　パンニング

　パンニングは袋やチューブに入れて売られるような小さな球状製品を製造する際に使われる．これら製品は二種類に分類される．一つはナッツや乾燥フルーツをセンターとしてチョコレートが被覆されたもの，もう一つはSmarties®やM&M's®のような，センターがチョコレートで糖衣掛けされたものである．両者とも口の開いた回転ボウル，または釜（Figure 7.17）で製造される．釜は銅製のものが多く，温湿度調整された空気を吹き込む配管が設置されている．しかし巨大な洗濯機のような，工業的サイズの大きな回転ドラムもあり（Figure 7.18）一度に2トンもの製品を製造できる．これらの装置にはドラム内で転動するセンターへ吹き付ける，温湿度制御された空気と

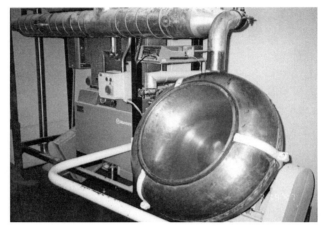

Figure 7.17 チョコレートまたは糖衣掛け用の開口釜

Figure 7.18 チョコレート掛け及び糖衣掛け用の回転ドラム

液体原料噴霧装置が設置されている．

7.5.1 チョコレート掛け [4]

　この種の製品では良好な品質のセンターを選ぶことが重要であり，すべてが同様の大きさであることが望ましい．センターを入れた釜またはドラム（Figure 7.19）を回転させると大きなものはある場所へ，小さなものは別の場所へと分離が生じ，小さなものはチョコレートがより掛かりにくくなる．つまり工程が終わると粒径分布が広くなってしまう（第12章，実験2参照）．

　センターの形状も重要である．鋭い角があるものは避けるべきで，チョコレートが

7.5 パンニング

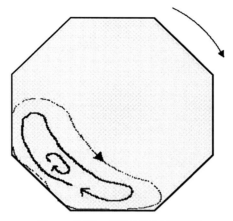

Figure 7.19 釜掛け中の回転運動

掛かりにくく，透けて見えてしまう．凹面状よりもわずかな凸状が望ましい．Figure 7.20 に示すように凸状では一点で接しているので転動動作で容易に分離するが，凹面では液状チョコレートが入り込み接着性を生じ，他の製品と付着してしまう．このため，多くの双子，三つ子が生じることになる．

センター温度も非常に重要である．センター温度が低いとチョコレート固化を促進するが冷たすぎると不均一表面となり，後の工程で割れることがある．また，センターの大きさは体膨張率によって温度により変化する（γ）．これは以下の式で表される；

$$V_t = V_0(1 + \gamma t) \qquad (7.1)$$

ここで V_t は温度 t における体積，V_0 は0℃での体積である．

したがって，係数は 1 cm^3 の体積が 1℃の昇温によって増大する体積を表す．この係数は物質により異なるが，センターによってはチョコレートよりも大きな係数を持つものがある．つまりセンターの被覆温度，貯蔵温度，販売温度を一定とすべきである．さもなければセンターは膨張し膨張率の低い外側をひび割れさせることとなる．これは第12章の実験17で示す．

多くのセンターはチョコレートで被覆する前に表面平滑化処理を必要とする．またある場合には油脂の移行によるチョコレートブルーム生成を防ぐために，保護層を作る必要がある．さらに非常に脆いセンターでは転動時の製品落下により壊れたり変形したりする．例えばレーズンでは変形を生じ，チョコレートがひび割れる．このようなすべての場合で，スターチ，ゼラチン，アラビアガムなどと，糖（ショ糖とグルコース）による前処理が必要となる．

その後，釜やドラム内で転動しているセンターへチョコレートを噴霧する．転動作

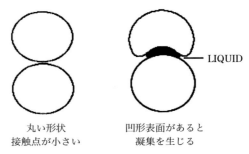

丸い形状　　　　凹形表面があると
接触点が小さい　凝集を生じる

Figure 7.20　釜掛け中の凝集に対する凹状表面の影響

用によって表面は滑らかとなる．高シアと低温により油脂は結晶化するのでテンパリングしていないチョコレートを使用可能である．粘性，特に降伏値は重要で，降伏値が高すぎると不均一な被覆厚となったり釜壁へ付着したりする．また降伏値が低すぎると表面へ付着せず，被覆されないセンター表面ができてしまう．

　最初の数層のチョコレート掛けは非常に注意深く行わねばならない．センター上に均一な層が形成されれば固化を促進するために温度を下げる．そして再度昇温し，この手順を3回から5回繰り返すのである．その後，チョコレート噴霧と冷却を同時に行う．製品は油脂の固化による潜熱放出と摩擦熱によって発熱する．しかし過度の冷却は，転動によって平滑化する前にチョコレートを固化させてしまい，製品が凸凹になってしまう．

　この種の製品の多くは非常に艶が良い．本章の前半で，型成型製品は油脂が平滑な型面で固化するためエンローバー品よりも優れた艶を有していることを述べた．艶とは光の反射であり，表面のキズによって吸収されないことである．型成型品では包装工程で受けたキズによって艶の悪いものもある．釜掛け製品でも艶だしや保護コーティングが施されないと，同様の現象が起こる．このための一般的な被覆剤としてシェラックがある．これはラック虫から得られる樹脂を精製したもので，シェラックはアルコールで希釈しチョコレート噴霧と同様に釜内で製品へ噴霧する．しかしこの溶液は，内側に糖液やグルコース及びコロイド（アラビアガムやスターチなど）被覆をしないとチョコレートと相互作用を生じ不良品質となる．

7.5.2　糖衣掛け

　本工程はチョコレートなどのセンターを砂糖で被覆するものである．チョコレートコーティングでは固化のために温度を制御したが糖衣掛けでは湿度低下により行う．被覆素材は水溶性であり，これを乾燥空気によって蒸発させ微細結晶を残すのである．センターはテンパリングしたチョコレートを二つの冷却ロール間に流して成型する（Figure 7.21）．ロールには細い溝が彫ってあるので，センターは薄い糸状チョコレー

7.5 パンニング

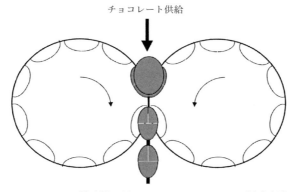

Figure 7.21 糖衣掛け用のチョコレートセンター製造方法

トとともに下部へ排出される．この糸状チョコレートは除去され，センターを充分に固化してから釜掛けに供する．

釜またはドラムはチョコレート掛けと同様で，溶液を噴霧する．糖衣掛けにはソフ

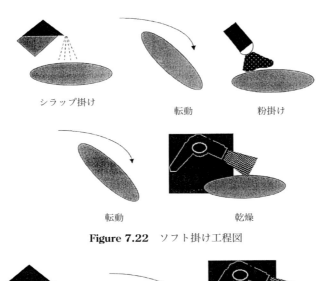

Figure 7.22 ソフト掛け工程図

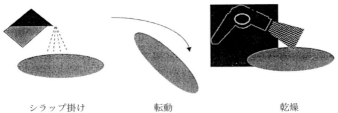

Figure 7.23 ハード掛け工程図

ト掛けとハード掛けの二種類があり，ソフト掛け（Figure 7.22）では溶液を噴霧し完全乾燥する前に吸収剤（通常は砂糖）を添加する方法である．本方法はゼリービーンズやシュガーエッグ製造で採用される．

ハード掛け（Figure 7.23）は，Smarties® や M&M's® を製造する方法で，砂糖を水溶液として用いる．乾燥時間を短縮するため，濃度は使用温度での飽和濃度に近くする．乾燥速度は，ひび割れを避け内部に水分を残さないために重要である．水分が内部に残ると後に表面へ移行し外観が悪くなる．

溶液に色素を添加することも可能で，外側にワックス掛けをすることで表面が平滑となり艶が良くなる．

参照文献

1. R. B. Nelson, Tempering, in *Industrial Chocolate Manufacture and Use*, ed. S. T. Beckett, Blackwell, Oxford, UK, 3rd edn, 1999.
2. M.Barigou, M. Morey and S. T. Beckett, Chocolate - The Shaking Truth. *International Food Ingredients*, 1998, **4**, 16-18.
3. R. B. Nelson, Enrobers, Moulding Equipment and Coolers, in *Industrial Chocolate Manufacture and Use*, ed. S. T. Beckett, Blackwell, Oxford, UK, 3rd edn, 1999.
4. M. Aebi, Chocolate Panning, in: *Industrial Chocolate Manufacture and Use*, ed. S. T. Beckett, Blackwell, Oxford, UK, 3rd edn, 1999.

第 8 章　分析方法

　チョコレート製造業では多くの分析技術が利用されている．本章では粒径測定や水分，油分，粘性，香気，食感，結晶化などの測定法を紹介する．ここでは個々の機器を説明するというよりも，測定の原理を司る科学についての理解を深めることを目的としている．

8.1　粒子径の測定

　チョコレート製造者にとって，最大粒子経と総表面積（比表面積）は非常に重要である．マイクロメーターや顕微鏡によって最大粒子経を測定することができ，篩いによってある一定サイズ以上の粒子重量を求めることができる．しかしこれらの方法では微粒子の表面積を知ることはできない．光学顕微鏡では5ミクロン程度まで測定できるがこれ以下では光の回折によって測定は不正確となる（回折とは物体の角による波動の屈曲現象である．Figure 8.2）．微粒子の測定には二種類の機器が使われるが，これらは電気伝導度とレーザー散乱を用いるものである．

　どちらも測定前に非油脂性固体粒子を液中に分散させ，個々の粒子を分離する．固体粒子はチョコレート中で密に充填しているので，そのままでは粒子を識別することができないためである．分散溶媒は粒子に影響を与えないものでなければならない．したがって砂糖を溶解する水を含んではならない．通常は油や有機溶剤が使用される．数グラムのチョコレートを分散溶媒へ入れ，粒子を分離するために激しく撹拌するが，強すぎると粒子を破壊するので注意しなければならない．普通は低出力の超音波浴中で分散させるのが良い．

　電気的方法では分散液を電極のついた細管に流す．溶媒だけの場合と比較し粒子が存在すると電気導電率が変化し，さらに電気導電率は粒子体積とその導電率に依存する．砂糖とココア，ミルクが同様の導電率を持っていると仮定すると，粒子が一個ずつ電極を通過することで体積分布が得られることとなる．すべての粒子を球体とみなし，相当する直径が数学的に計算される．実際には球体ではないが，得られる結果は十分に正確でチョコレート製造者にとって非常に有益である．粒径分布はサブミクロン領域から70ミクロン程度にまでわたり，電極感度は細管径に依存するので，測定は二種類の管を用いて行う必要がある．このため測定に時間がかかるので，レーザー散乱法へとって代わられている．

レーザー散乱法でも試料調製は同様であるが，分散溶液はレーザー光の照射される試料セル中を循環させる（Figure 8.1）．レーザー光は 5 mm から 20 mm に拡散され分散液中へ照射される．本装置では個々の粒子径測定は行わず，分散粒子からの分散光パターンを取得する．ビーム中の粒子が動いていても，分散光パターンには変化はないのである．個々の粒子は光を回折する．光の波長（ヘリウムネオンレーザーでは 0.63 ミクロン）に対して絞りまたは粒子経が小さいと回折は大きくなる（Figure 8.2）．異なる種々の散乱パターンをレンズで集光し光ダイオード素子で検出し，レンズの焦点距離を変えることで異なる粒径範囲が測定可能となる．典型的な装置では一つのレンズで 0.5〜90 ミクロンを測定可能であるが，工程中のチョコレート（例えば二本ロール後のもの）を測定する場合には別のレンズを使うことで 1〜175 ミクロンの範囲が測定可能となる．

回折線パターンは，大粒子（40 ミクロン以上）については Fraunhofer 回折の結果として，光波長と近いものは Mie 散乱の結果として処理する．粒子は凝集体としてではなく，個々に光を回折／散乱せねばならない．分散液濃度が高いと，小粒子は会合し大きな粒子のように振る舞う．つまり正確な結果を得るためには，測定前に分散濃度を調整しなければならない．

ここでも粒子は球体と仮定され粒子体積や粒径，分布，比表面積を算出する．本測定の典型的な結果を Figure 8.3 に示した．検出範囲が限定的であるが，数分で規格化

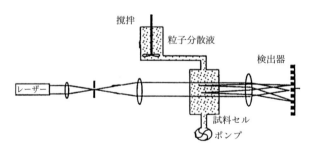

Figure 8.1 レーザー光散乱法による粒度分布測定装置

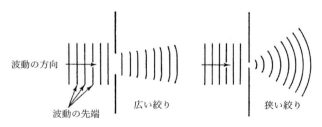

Figure 8.2 大粒子と比較し光の波長に近い絞りまたは小粒子において光散乱の大きい理由を示す

8.2 水分測定

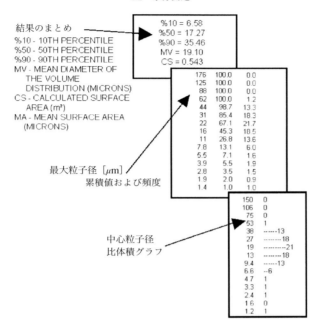

Figure 8.3 光散乱装置によって得られたミルクチョコレート粒子径分布

されたデータが得られるため，本測定法は品質管理に非常に有用である．

8.2 水分測定

チョコレートは約30％の油脂を含むが水分はおよそ1％である．チョコレート中の水の移動速度は非常に遅いので，大量のチョコレートから水分を除くには長時間を要する．したがって水分測定ではチョコレートを他の媒体に分散してから乾燥するか，水との化学反応によって水分を求める．

旧来の測定法は既知量のチョコレートを乾燥珪砂と金属製の小皿中で混合し，秤量してからオーブンに入れる．乾燥条件は98℃, 12時間または真空中で短時間処理し再度秤量するものである．多くの研究室で独自の基準を設けていたが，これはその研究室でのみ再現性のある方法である．通常，減少した重量が絶対水分とはならない．それはすべての水分が除去されていないため，及びその他の揮発性成分が除去されているためである．しかしチョコレート中の「自由水」の指標とはなる値である．チョコレート流動特性に非常に大きな影響を与えるのは「自由水」だからである．

チョコレート中の自由水及び束縛水の両者を測定する別の方法としてカールフィッシャー（Karl Fischer）反応を用いるものがある．つまりオーブンで蒸散する水分はも

とより，ミルク中の一水和乳糖のような結晶水なども測定される．後者はチョコレート流動特性に影響しないので測定する必要のないものではある．したがってこの方法ではミルクチョコレートにおいてオーブン法よりも高い数値を与えるが，自動滴定装置を使う場合には再現性が高いという利点を持つ．

カールフィッシャー反応は二酸化硫黄とヨウ素，水との反応である：

$$I_2 + SO_2 + H_2O = SO_3 + 2HI \qquad (8.1)$$

この反応は以下の反応式のようにメタノールとピリジン存在下で容易に進行する：

$$I_2 + SO_2 + H_2O + CH_3OH + 3py = 2pyH^+I^- + pyHSO_3OCH_3 \qquad (8.2)$$

溶媒はメタノール以外でも良いがピリジンの存在は必須である．全体としては一分子の水が一分子のヨウ素と反応することとなる．

自動分析装置では反応容器中に秤量したチョコレートをホルムアルデヒド，クロロホルム，メタノール混合物中に入れ，環境空気から吸湿しないように密封する．この混合物は中に挿入した二つの白金電極で連続的にモニターするが，遊離ヨウ素が存在すると陰極電荷を取り除き電流は止まる．したがって電極間の電位差を滴定制御に使えることになる．初めにピリジンを含むカールフィッシャー試薬をペリスタポンプでゆっくりと添加する．添加量は正確に測定する．反応が終了し水分がなくなると電流は止まる．この装置は試料量と試薬使用量から水分値を計算するのである．

8.3 油分測定

装置はチョコレート表面で反射する近赤外線を用い，油分と水分を瞬時に計算する装置がある．しかし近赤外線放射はチョコレート組成や粒径などの他の因子に影響されるため，製品毎に装置を校正しなければならない．油分分析のための校正は伝統的なソックスレー（soxhlet）法により正確な含有量を求めて実施する．

ソックスレー法ではチョコレート中の油脂を溶解するための溶媒を使用する．その後溶媒を蒸発させ残存した油脂量を秤量するのである．この分析にはFigure 8.4に示すようなガラス器具を用いて行う．

秤量したチョコレートを細かく砕いて濾紙で包み，透過性の指ぬき状容器に入れる．これを抽出装置の中央部に設置する．装置上部は水冷ジャケット部となっている．石油エーテルなどの溶媒を底部のフラスコに入れ，電気マントルで加熱するが，沸騰すると蒸気は横の管から上昇し上部で凝縮して中央部の容器へ流下する．ここで溶媒とチョコレートが接触し油脂を溶解する．油脂を溶かした溶液は濾紙と指ぬき状容器を通過し容器部で捕集される．これはAの高さまで溜まるとサイフォンにより底部フラ

8.3 油分測定

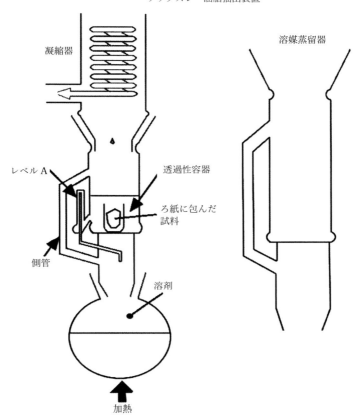

Figure 8.4 ソックスレー抽出装置

スコへと環流する．チョコレート中の固体物質は濾紙中に残存し，油脂が底部フラスコに集められる．マントルはエーテルを気化させる温度ではあるが油脂は揮発しない程度とする．

通常 12 時間後，チョコレート中のすべての油脂が抽出されると上部をフラスコから取り外し，新しくエーテル捕集装置を付け環流させずにエーテルを捕集する．この結果，油脂のみがフラスコ底部に残存するので，これを秤量するのである．すべての操作は防爆室で行い，爆発を避けるために電気接点などの火花に充分注意しなければならない．

8.4 粘度測定

8.4.1 工場における簡便法

第5章で述べたようにチョコレートは非ニュートン流体なので，その粘性は一つの数値で表すことはできない．簡単に記述するならば，チョコレートには降伏値と塑性粘度がある．一点での測定を行うための二つの簡便な装置があり，それらは Figure 8.5 に示すような落下球式と流下カップ式である．これは第12章,実験10でも使用する．

落下球式粘度計では丸い球（重り）に棒またはワイヤが付いており，棒には二つの印がある．ボールは40℃に調温された容器に入ったチョコレート中へ入れる．チョコレート流動特性はわずかな温度差で大きく変わるため，精密な温度調整が非常に重要である．棒についた二つの印をチョコレート液面が通過する時間が粘性と相関する．この測定は通常，数回実施するが初回の結果は無視する．大きな球では速く落下するので，種々の球を使って数種の測定を行い，そのチョコレートに対応した流動曲線が得られる．しかしほとんどの場合落下速度は小さく，また得られる値は塑性粘度よりも降伏値との相関が高い．

一方，流下カップ式ではチョコレートはより速く動くので，結果は塑性粘度とより相関する．測定ではチョコレートとカップの両方を測定温度の40℃に加温する．カップは受け容器を置いた秤の上方に設置し，規定量のチョコレートが容器に溜まる時間を測定する．チョコレート粘度が低い程，流下は速く短時間となる．

Figure 8.5 落下球式粘度計と流下式粘度計

8.4.2 標準測定法

種々のずり速度（流れや撹拌の程度）における粘度を測定するためには回転型粘度計を用いる．これはチョコレートを入れた容器と回転子（BOB）とからなる．回転子は下部が尖端の円錐状または中空状となっており，後者では測定中に空気を充満させる（Figure 8.6）．その理由は回転子またはカップが回転する際,チョコレートは抵抗しよ

うとするが，これは Figure 5.2 に示したように一定間隔の二枚の平行板が異なる速度で動くときに液体がこれに抵抗する力と直接相関している．回転子の底部では速度は一定ではなく中心部ではゼロで，円周部で最高速となる．これでは計算が非常に複雑となってしまう．これらの二つの回転子はほとんどの力が回転子側面と容器との間から得られるように設計されており，底部からは力がかからないようになっているのである．

チョコレートを容器と回転子との間隙に均一に入れることも重要である．間隙が広いと回転子近傍のチョコレートのみが回転の影響を受け，カップ近傍のチョコレートはほとんど動かない状態となる（Figure 8.7）．事態をより悪くすることにチョコレート粘性は速度に依存して変化することである．つまり容器と回転子の間隙を比較的小さくしても，その間に粘度変化が生じることを意味している．均一な流動を作るためには間隙を狭くせねばならず，容器直径と回転子直径の比を通常 0.85 以上とする．

測定時にはチョコレート中に油脂結晶が存在してはならない．このためにチョコレートを 50℃に加熱してから 40℃に冷却し，予備加熱した容器へ充填する．そして回転子を挿入しゆっくりと回転させチョコレート温度を均一化し，その後回転を上げてずり応力を読み取る．回転速度も記録し，ずり速度に変換する（ずり速度＝相対速度 / 容器と回転子の間隔）．粘度計は最高回転で短時間維持してから，速度を低下させながら値

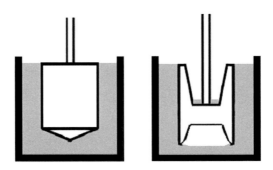

Figure 8.6 チョコレート粘性測定に用いられる二種類の回転子

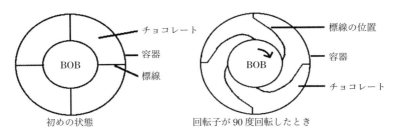

Figure 8.7 回転型粘度計におけるカップと回転子間の流れ

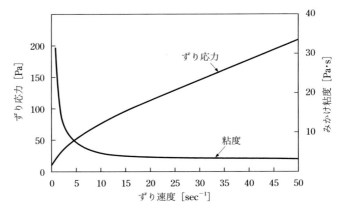

Figure 8.8 ミルクチョコレートにおけるずり応力と見かけ粘度のずり速度に対する変化

を読み取る．

粘度計によっては回転子ではなく容器を回転させるものがあり，この場合は回転子に働く力を読み取る．さらに別の装置では回転子に特定の力を与えるための回転速度を測定するものもある．どのような場合でも見かけ粘度は次により計算する：

見かけ粘度＝測定応力/ずり速度　　　(8.3)

そしてずり応力または見かけ粘度をずり速度に対してプロットする（Figure 8.8）．得られた図から，Cassonモデルのような数式を用い，チョコレートを動かすのに必要な応力すなわち降伏値を外挿して求める．高ずり速度におけるみかけ粘度は塑性粘度に相当する．

再現性のある結果を得るためには試料調製，温度制御，粘度計の校正に充分注意せねばならない．

8.5 香　味

香味と食感は訓練されたパネルによってのみ評価される．正しい香味というものは存在しない．それは多くの「独自の味（house flavours）」のあることからも分かり，また国によって，例えば英国ではCadbury，米国ではHersheyのように良く売れるチョコレートの香味が大きく異なることからも分かる．しかし製造者にとって正しい製品かどうかを判定するための機器分析法も存在する．多く使用されるのは異臭の分析である．チョコレートはマイルドな香気を有しているが不快な香気を非常に吸着しやすい．例えばガソリンスタンドでチョコレートが販売されると，店先の強い臭いがチョ

コレートに吸着される．同様に適正な包材を使用しなければチョコレートは段ボールや印刷インクの臭いを吸着し消費者に受け入れられないものとなってしまうので細心の注意が必要である．

　異臭の検出やカカオの違い，ロースト程度を判定する方法は数多く存在する．人工鼻（数個のセンサーから構成されており特定の分子の存在量により電気導電率や抵抗が変化する）はカカオリカー処理やコンチング管理に使用できるとの研究がある．これは現在，油脂の変敗検査に使用されている．本項では液体クロマトグラフィーを紹介する．これは多くの目的に使用されているものである．

　クロマトグラフィーとは分析技術の一つで，分子量の違いによって媒体中を移動する分子の速度が異なることを利用して異なる分子を分離するものである．この分離法の最も良く知られたものは食品の色素を水に溶解し，濾紙などを使って構成する異なる色素成分に分離するものである（第12章，実験13参照）．

　クロマトグラフィーの多くは試料を媒体中に通す過程で成分を溶解や吸着させ，媒体から流出するまでの時間を記録するものである．媒体が太いカラムに充填されていると試料の通過する経路が非常に多くなり，あるものは真っ直ぐに進むが別のものは長い経路をとるので分離が悪くなる．したがって通常は細く長いカラムを用いる．

　高速液体クロマトグラフィー（HPLC）では密に充填したカラム内を溶媒が連続的に高圧（30〜200bar）で流れる．試料の流出は紫外光または可視光測定器で検出する．蛍光物質がある場合はより敏感な蛍光検出器が使用される．

　カラムには固体やゲル，多孔質物質，微粒子などを充填し，カラム効率を高めるため，孔径や粒径はできるだけ小さくする．溶剤は分析対象により水性または炭化水素を用いる．分析は数分で終了する．

　HPLCはココア中における「煙臭（smoky flavours）」に関連するフェノール類検出に用いられている．ZieglederとSandmeier[1]はローストカカオを，UV検出器を用いて研究し五つのピークを同定している．

1. pyrazine
2. 2,3-dimethylpyrazine
3. 2,5-dimethylpyrazine
4. 2,3,5-trimethylpyrazine
5. 2,3,5,6-tetramethylpyrazine

　ピーク5は生カカオに由来し，ピーク4は120℃以上でのロースト時間に相関している．ピーク2,3は高温でのロースト時間によって増大し，オーバーローストの指標としている．

チョコレートにおける植物性油脂の使用増大に伴い（第6章参照），HPLC はその存在量を決定する手法の一つと見なされている．また HPLC は油脂劣化の検出にも使用できる．

8.6 食感の評価

香味と同様，製品の食感評価には官能パネルによる方法が最も良い．しかし一日に数サンプルしか評価できないのでパネルによる方法は高価である．また微小な差異は検出できない．製造者は原料や工程を変更することがあるが，それが最終製品の食感にどのような影響を及ぼすかを知ることが大切である．このような場合，分析的手法が有効である．それは再現性が高く，多くの試料を評価できるからである．

チョコレートにおいてはスナップ性と固さの二つが最も重要な性質であるが，これらは Figure 8.9 に示すような食感分析器で測定可能である．これらは一定速度または一定応力でプローブや刃を試料へ押し付けながら，抵抗力や歪みを記録するものである．

異なるチョコレートのスナップ性比較は三点曲げ試験によって測定できる．この際，試料チョコレートは同じ形状，同じ厚さで成型し，等温で一定時間貯蔵し均質化する．わずかな温度の違いは，配合の微細な差異よりも食感に大きな影響を及ぼす．またチョコレートの熱伝導性は非常に小さいため，中心部が表面と同温度となるためには長時

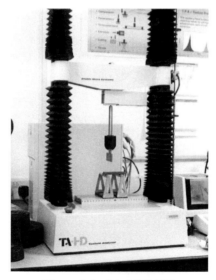

Figure 8.9 TA 食感分析器

間を要する.

その後板チョコレートを平行に置かれた二本の台に置き,試料の上方から二本の台と平行なプローブによって押し付ける.支持棒とプローブは同径のものを用いる場合が多い(Figure 8.10).本装置で得られる歪みと力の関係はスナップ性に関連する(Figure 8.11).スナップ性の高いチョコレートではすぐに割れるので,大きな傾きを示し記録時間が短い.スナップ性の小さい場合は曲がる傾向にあり,力が上昇するまでに時間を要する.

固さ測定の場合には,平らな基板の上に置いたチョコレートへ針やボールを押し付

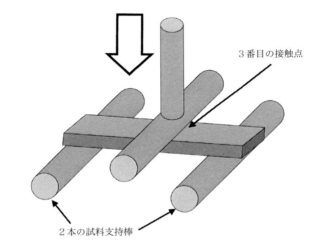

Figure 8.10 チョコレートの三点曲げ試験

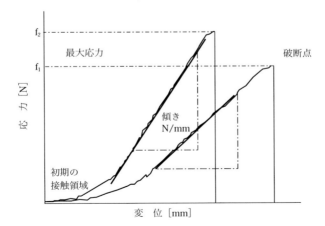

Figure 8.11 三点曲げ試験で得られる応力曲線

ける．これらは一定応力で作動させ力と侵入距離の関係が得られる．これは三点曲げ試験法のものと似ている．固いチョコレートではやはり非常に大きな傾きが得られるが，柔らかいチョコレートでは抵抗が小さいため傾きは小さくなる．

8.7 結晶量とそのタイプ

8.7.1 核磁気共鳴法

分子が液体のときは，固体中で束縛されているよりも動きやすい状態にある．磁場が与えられると分子の多くはこれに沿うように動くが，その速度は束縛されているか否かに依存する．この原理は，核磁気共鳴装置（NMR）によって油脂やチョコレート中の固体脂／液状脂比率を測定するのに利用されている．本測定は油脂においてより正確である．というのは，チョコレート中の他の成分，特に天然に存在する銅が感度を低下させるためである．

パルスNMRでは試料を磁場に置いて水素原子を偏向させる．ここで短時間の電波を照射すると水素原子は磁場中で回転するが，電波照射が終わると，緩和時間と呼ばれる時間を経て元の位置にもどる．緩和時間は固体構造中の分子では非常に速くなる．測定する試料，水系か油系かなどによって異なる周波数の電波が適用される．

この種の情報は非破壊で物体内部の情報を三次元で表現することもできる．これは

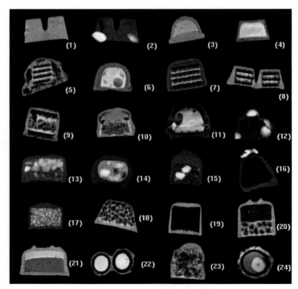

Figure 8.12 MRIで観察した菓子類
柔らかい油脂は明るく写っている（Guiheneuf et al.[2]）

核磁気画像処理（MRI）と呼ばれ医療診断で用いられる体内透視の原理と同じである．この装置を用いて室温で液状である柔らかい油脂がチョコレート側へ移行する様子が研究された[2]．Figure 8.12 にその結果を示す．センター中の油脂はチョコレート中のものよりも非常に柔らかく（より液状），画像では明るく表現されている．

8.7.2 示差走査熱量測定

チョコレート中に存在する結晶は X 線により分析可能であるが，これは高価な装置であり多くの食品工場には不適である．Figure 7.2 に示したような冷却曲線によりチョコレートが良好に固化するかどうかを調べることができた．しかしこの装置は再現性が低く，また存在する結晶型は分からない．再現性に関しては，同様の原理でありながら均一な冷却のできる電子冷却器を備え，冷却速度をコンピュータで解析するなど，より精巧な装置によって改善できるであろう．しかし示差走査熱量計（DSC）では存在する異なる結晶の量比を測定することができる．

この装置は物質が融解（または固化）する際に，物質の温度にはほとんど変化がないのに潜熱という大きなエネルギーが必要であることを原理としている．固体チョコレートの測定は以下のように行われる．少量（約 2〜10 mg）のチョコレート試料を金属容器に入れ，一定速度，例えば 5℃/min で昇温する．試料の昇温に必要なエネルギーは，空の金属容器を同様に加熱して比較する．特定の結晶型の融解が始まると，温度上昇を維持するためにより大きなエネルギーが必要となる．したがって Figure 8.13 のような温度対エネルギー図においてピークが現れ始めるのである．このピークは融解が最大の時に最高点に達する．Figure 8.13 に示したように，同一試料でいくつかのピークが生じ得るが，これは数種の結晶型が存在していることを示している．良好にテンパリングされ V 型となったチョコレートでは頂点が約 34℃のピークのみが得られる．

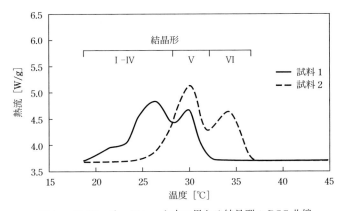

Figure 8.13 チョコレート中の異なる結晶型の DSC 曲線

固化段階で生じる結晶型を調べる必要が生じる場合がある．このような時には試料を液体窒素中に沈めて残存している液状油を急速固化させる．このようにして固化させた液状油は不安定な低融点型となるので，既に存在していた結晶と区別可能となる．

参照文献

1. G. Ziegleder and D. Sandmeier, Determination of the Degree of Roasting of Cocoa by Means of HPLC, *Deutsche Lebensmittel Rundschau*, 1983, **79**(10), 343-347.
2. T. M. Guiheneuf, P. J. Couzens, H. -J. Wille and L. Hall, Visualisation of Liquid Triacylglycerol Migration in Chocolate by Magnetic Resonance Imaging, *J. Sci. Food Agric.*, 1997, **73**, 265-273.

第9章　種々のチョコレート製品

　チョコレートは種々の形態として販売され，また特殊な顧客に対しては特別な配合も必要とされる．さらにアイスクリームコーティング向けや暑い季節のために保形性を付与するなどの特別な配合もある．Aero®(Figure 9.1)のように一見して非常に単純に見える商品もあるが，どのようにしてチョコレート内部に気泡を閉じ込めるのだろうか？　また，チョコレートコーティングの内側にあるセンターが異なるチョコレートでできた多色の製品を，どのように工業的に製造するのだろうか？

9.1　特殊な配合

　市場には砂糖を糖アルコールやポリデキストロースで置換したチョコレート製品がたくさん売られている（第2章参照）．これらは同一重量での比較で低カロリーであり，キシリトールのように歯に良い効果を持つような砂糖代替物もある．味や食感は通常のチョコレートに近いが，多くの製品には緩下性があるため摂取量には制限がある．これら製品にはいくつかの表示がある．

低カロリー（Low Calorie）
　この表示は国によって異なるが英国では通常のチョコレートと比較し30%以上カロリーが低い場合に可能である．そのためには糖アルコールやポリデキストロース使用と同時に油分減（油脂は比較的カロリーが高い原料である）の両者で達成することが多い．

Figure 9.1　伝統的な気泡入りチョコレート

砂糖不使用（No Added Sugar）
これは砂糖を他の甘味原料で置き換えたものである．

糖類不使用（Sugar Free）
ミルク中には乳糖が含まれているので，本表示のためには砂糖だけでなく乳糖も置換しなければならない．乳糖を除いた特殊な粉乳は商業的に入手可能である．

カロリー減／低油分
現在の EU 健康栄養表示規則では，油分減表示のためには通常チョコレートと比較して 30% 以上油分を減じなければならない．しかしチョコレートにおいて油脂はその食感と融解挙動を決めるものであり，この量の油脂を減じて良好な品質を維持することは非常に困難である．これに関しては多数の特許が出されているが，商業的に成功した商品はない．

低油分表示をするためには，製品 100 g 中油脂は 3 g 以下とせねばならない．これは通常のチョコレート原料では不可能である．

糖尿病患者向け／低炭水化物
これも砂糖代替物として糖アルコールやポリデキストロースを使用したものが多い．

高カカオ含量
これはカカオニブを高配合したもので特定の国で販売されている．「カカオ固形分」にはココアバターも含まれる点に注意しなければならない．つまり高カカオチョコレートは油分も多いことを意味している．

9.1.1 アイスクリームコーティング
伝統的に「チョコアイス」はココアパウダー及びココアバター以外の植物性油脂で製造されている．コーティングはひび割れし，センターから剥離しやすい性質がある．もしも通常のテンパリングされたチョコレートを使えば，非常に固く口中での融解が悪いものとなってしまう．それは，商品が冷凍（およそ -18℃）されているので，油脂全体が固体となっており融解に時間がかかるためである．これを解決するためアイスクリーム用チョコレートには多量の軟らかい油脂を添加（通常 10% 以上）して作られるが，「チョコレート」と呼ぶためにはココアバターと乳脂以外は使用できない．乳脂はチョコレートを軟らかくし，ひび割れも起こしにくい性質を与える．また，冷凍商品へチョコレートを被覆する際はテンパリングせずに行い，I 型や II 型として結晶化させる（第 6 章参照）．これによりテンパリングされた場合と比べ，結晶は緩やかにパッキングするので軟らかくなる．さらに融点は 16℃ となるため（通常にテンパリングされたチョコレートでは 32℃），口中で融解しやすくなるのである．同時に，不幸にもチョコレートの破片が服に落下した場合にも融けやすくなるのである．

9.2 保形性チョコレート

夏季の暑い時期，チョコレートには以下のような問題が生じる：
1. ファットブルーム
2. 形の喪失
3. 包装材料への付着
4. 製品同士の付着．ビスケットでも同様の現象
5. 手の汚れ

熱によるブルーム生成を低減する方法に関しては，そのいくつかを第6章に記した．他の問題については消費者にとってより不快なものであり，対処する方法が数種類開発されている．
1. 油脂相の改変
2. 食用透明フィルムで製品を被覆する
3. 水の使用
4. 固体粒子で骨格を形成する方法

9.2.1 油脂相の改変

第6章において，マレーシア産のココアバターはブラジル産のものよりも数度高い融点を持つことを述べた．つまりココアバターを選択することによって製品の保形性をわずかに向上させることが可能である．また，融点の高い植物性油脂を使用することもできる（これはココアバター改善脂（CBI；cocoa butter improver）と呼ばれる）．

しかし改善の程度は小さく，また品質のためにはチョコレートは口中温度以下で融解しなければならない．この温度で残存する油脂はワキシーな食感となってしまう．

9.2.2 透明な被覆剤

これはフィルムで被覆する方法で，多くの場合，砂糖やシェラックが用いられる．これにより製品は艶を有し，手での融解を防ぐことができる．被覆はスプレーや釜掛けにて実施するが，均一な被覆を得るために，製品形状は釜中で転動できる丸形や楕円形のものに適用されることが多い．

9.2.3 水

液体チョコレートへ水を入れると，砂糖粒子がお互いに付着して流動性を阻害するので粘性が高くなる．そのため高水分チョコレートでは保形性が高まることとなるが，型成型やエンローピングが非常に困難となってしまう．したがって，それを解決する処理方法が必要となる．一つの方法として水を微細な水滴として型成型直前に添加す

るものがある．水が砂糖へ吸着されないように迅速に加工できれば，チョコレート粘性は低いままとなる．

水分を有するセンターを持つ製品の場合（例えばMars Bar®），乾燥したセンターのKitKat®よりも耐熱性は高くなる．それはセンターから移行した水分がチョコレート表面の砂糖粒子を溶解し，近傍の砂糖と結着するからである．外側からチョコレートへ水分を移行させることも可能であり，Marsの特許によれば，チョコレート製品を湿度透過性の材料で包装し高湿度の部屋で貯蔵する方法が開示されている．

三番目の方法は，水をw/o乳化系として添加するものである．つまり水滴をレシチンのような乳化剤で包接しココアバターなどの油脂中に乳化したものである．この場合，乳化物をチョコレートへ添加する際は強力な撹拌を行ってはならない点に注意する必要がある．それは乳化を破壊して水が遊離するのを防ぐためで（第12章，実験4参照），正しい操作を行うことで，水は緩慢に製品中へと移行する．

水添加により製品はココアバターの融点以上の保形性を獲得するが，通常のチョコレートと比較して食感は悪く，外観の艶も劣る．

9.2.4　固体粒子による構造形成

チョコレートにおいて連続相は油脂である（Figure 5.9参照）．つまり製品の全体にわたって油脂が充満している．しかし砂糖粒子を骨格とした別の相を形成する方法がある．このような製品で油脂を除去すると，例えばエーテル中に放置すると結晶骨格が残存する（Figure 9.2参照）．この骨格は口中で容易に崩壊するため，食感には大きな影響を与えない．製品は50℃以上で油脂が完全融解しても形状を保つ．油脂は骨格中に残るため，包装材料に染み出すことも少ない．

このような骨格を形成する方法にはいくつかある．その一つは少量のグリセリンを加えるものであるが，水添加の場合と同様にチョコレートが増粘する前に加工しなけ

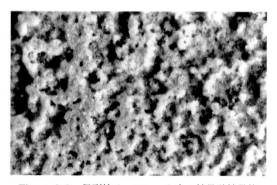

Figure 9.2　保形性チョコレート中の結晶砂糖骨格

ればならない．Nestle の特許では結晶砂糖を，微粉砕した非晶質砂糖で置き換える方法が開示されている．非晶質砂糖粒子は水を吸収し結晶へと変化し，それに伴って水分子を放出する．これが近接する砂糖粒子が同様に結晶化する前に結着させるのである．この連鎖反応は数週間で進行し，全体に骨格が形成される．

米国の Hershey は卵白を用いて保形性のある Desert Bar（砂漠チョコレート）という商品を開発した．しかし，製品はチョコレートそのものであるが，卵白はチョコレート原料として認められていないため，チョコレートとは表示できない．そのため，「チョコレート含有」と表示されている．

9.3 チョコレート中の気泡

気泡が存在するためには，内部圧力（Figure 9.3 の $p2$）が外部圧力（$p1$）と平衡であり，かつチョコレートの表面張力（T）と釣り合わなければならない．気泡半径を r とすれば平衡力はその半分を考慮すれば良い（B と表記）．外部圧力 B は $\pi r^2 p1$ である．πr^2 は B の投影面積で圧力は単位面積当たりの力である．同様に内部圧力は $\pi r^2 p2$ となる．表面張力は気泡外周にのみ働くため $2\pi r$ の長さを持つ．したがって力のバランスは以下の式で表現される：

$$2\pi T + \pi r^2 p1 = \pi r^2 p2 \qquad (9.1)$$

この式は簡略化され，

$$p2 - p1 = 2T/r \qquad (9.2)$$

となる．表面張力 T はチョコレートの種類や粘度に依存する．本式によれば，同じチョコレートにおいて外部圧力が同じであれば，大きい気泡よりも小さい気泡の方が内部圧力は高くなる．二つの気泡が会合すれば，圧力は高い方から低い方へ移るので，小さい気泡が無くなって大きな気泡が成長することとなる．

重要なことは，圧力差（$p2-p1$）が大きくなると気泡半径は式（9.2）に従って大きくなる．つまり常圧に置かれた液体チョコレートを減圧下に移すと，チョコレートに流動性がある場合は小さな気泡は劇的に大きくなる．さらに，油脂相から空気が抜けると新しい気泡が発生し，他の気泡を大きくすることとなる．これは気体の油脂への溶解度が圧力とともに増大するためである．初めの圧力で気体が飽和状態ならば，減圧することでより多くの気体が放出される．

圧力差を変化させるには二つの方法がある．一つは，液体チョコレートを型へ充填し冷却された真空箱に入れるものである．気泡は急激に発生し，それが壊れる前にチョコレートが固化する．真空箱に入れる前に，チョコレートへ炭酸ガスを混合する方法

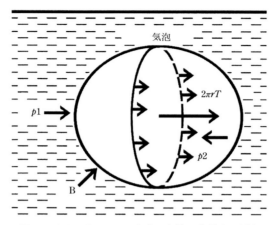

Figure 9.3 チョコレート中の気泡に作用する圧力

もよく用いられる．

別の方法は，液体チョコレートを高圧下で気体と強力に撹拌するものである．これにより気体の溶解と気泡の微細化が行われ，それらは常圧下でチョコレートシェルに充填された際に大きな気泡となる．その後気泡を保持するためにチョコレートを冷却する．

9.3.1 気泡サイズに影響する因子

粘　　度

Figure 9.4 には真空処理する前のチョコレート粘度を変化させた場合の，気泡の形や大きさに与える影響を示した．粘度調整は乳化剤や油分，水分など第5章に記した方法によって可能である．

圧 力 差

これは式（9.2）から予測できる．

圧力変化速度

これは真空処理において特に重要である．

チョコレート固化速度

チョコレート固化が速過ぎると気泡が会合する時間がなくなり小気泡が多くなる．

気体の種類

炭酸ガスや亜酸化窒素は窒素よりも油脂への溶解度がはるかに高い．高圧下で気体を混合して気泡入りチョコレートを製造する場合，大きな気泡を作るためには溶解度の高い気体が必要である．Reading 大学での研究によれば，使用する気体によって味が変化し，炭酸ガスよりも亜酸化窒素の方が好まれることが示されている．

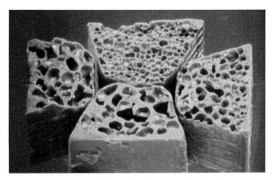

Figure 9.4 チョコレート粘度を変化させた場合の気泡サイズの違い

窒素ガスを用いると気泡は非常に小さくなり，裸眼では見えないほどである．これによりチョコレートの密度を減らすことができるが，カロリー値は同じである（重量当たり）．10％の密度減少では消費者は通常品との違いを認識することは困難である．密度を減少させるとチョコレートのクリーミー感が増し融解速度が速くなる．一方，色調は薄くなる．

9.3.2　水の蒸発による気泡

商業的にはほとんど行われていないが，水を添加し真空中で蒸発させることでチョコレート中に気泡を生成させることが可能である．例えば，チョコレートに水を乳化させシート状に成型し，凍結乾燥してからカットするものである．Figure 9.5 に含水チョコレートの構造を示した．水滴によって生じた穴が製品中で気泡となっている．製品は非常に軽く，密度は伝統的な気泡入りチョコレートの半分ほどである．口溶けは非常に速く，外観は白っぽくなる．

9.4　クリームを充填したチョコレート

第7章では標準的な型成型方法であるシェルチョコレートの製造法やそこへのキャラメルなどの注入法，裏面へのチョコレート充填，冷却について記した．Figure 7.8 には16の工程が含まれるが，これは高価で手間のかかる工程である．クリーム入り卵型チョコレートやプラリネの充填された製品（Figure 9.6）の大量生産では他の簡便な工程があり，それはモールド加熱，充填，振動，冷却，剥離のみの構成となる．これはシングルショットデポジッターと呼ばれる装置により行われる．

この種のデポジッターにおける動作原理を Figure 9.7 に示した．ノズルは二重の構造で，内側からはセンター生地が，外側からはチョコレートが吐出される．吐出は外

Figure 9.5 チョコレートにおける w/o エマルション

側から始まり，型へ十分量の生地が押し出される．それから内側ノズルからの吐出が始まりセンター生地を押し出す．この間，チョコレートはセンター生地を包むように吐出が継続し，センター吐出が終わった後でチョコレートの吐出が終了する．その後振動によって型内へ流される．本操作は種々の型への充填やベルトへの直接デポジットもできる（Figure 9.8）．充填後の冷却では，製品がひび割れないように短くとも 40 分の冷却時間が必要である．

ピストンの動作タイミングは非常に重要であり，また製品によっては型中でのノズル位置も重要となる．しかし本法にはその他にも幾つかの重要な因子があり，製造できる品種に制限がある．

Figure 9.6 シングルショットデポジッターにより製造される典型例

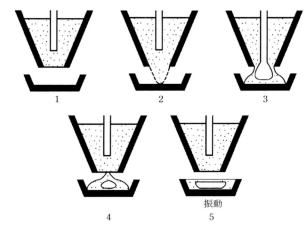

Figure 9.7 シングルショットデポジッターの動作原理

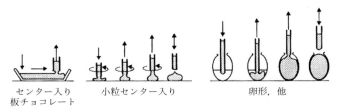

Figure 9.8 シングルショットデポジッターで用いられる型の例
(*Industrial Chocolate Manufacture and Use*（1999）)

チョコレートとセンターの温度

　センター生地の温度は周囲のテンパリングされたチョコレートよりも高くてはならない．もし高いとチョコレートのテンパリングが壊れ，固化時間が長く，収縮が悪くなり剥離不能となる．そして製品の食感は悪く，ブルームしやすくなる．実際の温度はチョコレートや油脂相の種類に依存するが，ダークチョコレートでは高く 33〜36℃で，ミルクチョコレートでは 28〜31℃である．

チョコレート及びセンター生地の粘度

　本操作ではセンター生地粘度が外側のチョコレート粘度に近い場合，最良の結果が得られる．チョコレートは温度低下やテンパリング程度を高くすることで粘度を上昇させることができる．元々シングルショットデポジッターは，機械的なカムで駆動する装置であり，その時には両者がほぼ同粘度であることが求められた．しかし現在の電子制御によりプログラムできる装置では，粘度差が大きくても製造が可能となっている．

ナッツ，レーズン，その他

センター生地は内側ノズルから吐出されるため，小さな固形物しか含有させられず，ホールナッツやチェリー，レーズンなどを混ぜることは不可能である．また，小さな固形物であってもノズル閉塞や外側チョコレートの破れを引き起こす可能性があるので注意が必要である．

フィリング対チョコレートの比率

機械式デポジッターではセンター比率は40%が限界であった．電子制御装置の場合は通常55%の製造ができ，特殊な条件では80%も可能である．形状も重要で，卵形製品では板形状の場合よりも高いセンター比率が可能となる（Figure 9.8）．

センターの漏洩及び製品の付着

センターがピストンの動作停止に応じて吐出が止まらない場合，テーリングが生じる．それはセンターが持つ弾力性やガム質のような性質に起因する．テールはチョコレート中に残存し（Figure 7.10）外部へ漏れ出す可能性があり，これにより製品同士が付着する場合がある．特にセンターがソフトキャラメルやシラップ，ゼリーの場合に問題となる．

9.5 多種のクリームを充填したチョコレート

シングルショット技術は長年にわたり開発されてきた．スイスのAwema社は，機械的なノズルプレートと特別なホッパー設計によりFigure 9.9に示すような製品を開発した．これは一つの菓子が二種類のセンターと二種類のシェルで構成されたものである．この商品では二種類のセンター生地粘度は大きく異なる．

二種類のセンター
二種類のシェル

Figure 9.9 センター及びシェルに，それぞれ二種類の生地を使用した製品例
（Awema A.G., Switzerland）

第 10 章　法規，賞味期間及び包装

　チョコレートは多くの国で厳しい基準によって規制されている．包装紙には通常，使用原料が栄養情報とともに記載されている．菓子類は一般に他の食品よりも長い保存性を有しているが，油脂移行や水分移行による変化を最小とするようにセンターの配合には充分注意を払わなければならない．包装そのものも製品の保存性を決める上で重要である．同時に包装は消費者が店頭で最初に目にするものなので魅力的でもなければならない．

10.1　法　　規

　実際の規制は国によって異なるが，EU のような商業圏においては標準化する試みがなされており，それに伴って内容は常に変化している．多くの規格では配合するカカオとミルクの最少量を決めている．これらは乳固形分とカカオ固形分として別々に規定されているが，若干分かりにくい．というのは乳固形分には乳脂が含まれるが，乳脂は室温で液体である．またカカオ分にはココアパウダーやカカオリカー，ココアバターを含んでいる．規定にはこれらの油脂の最小含量も明記されており，同様に乳組成も規定している．乳糖やホエーを粉乳の代わりに使用することはできない．EU は，英国とアイルランドを除いて，乳固形分の多い（つまりカカオ分が少ない）チョコレートを「ファミリーミルクチョコレート」と表示しなければならないと規定している．英国とアイルランドではこの種のチョコレートは伝統的に一般的なため，例外となっている．この場合でも乳固形分とカカオ固形分は共に 20％以上含有しなければならない（通常のチョコレートではカカオ固形分 25％，乳固形分 14％が最少量である）．

　チョコレートが植物性油脂を含む場合，それはイリッペ，パーム，サル，シア，コクム，マンゴ由来でなければならず，単独または混合使用しても良い．これらは全てココアバター代用脂であり，製品に影響を与えずに多量の使用が可能であるが，表示は変更しなければならない．またこれら油脂は精製または分画して得られたもののみ使用可能である．水素添加や酵素によるエステル交換油脂は使用禁止である．これら 6 種類の植物性油脂を 5％まで含む商品においては「ココアバターに加えて植物性油脂を含む」との表示が必要である．これは原材料表示欄と同じ面で原材料表示とは分けた場所に，商品名と同じサイズで記載しなければならない．

　米国の基準は大きく異なっており，「sweet chocolate」と表示できるものは EU チョ

コレートに相当するが，最低 15% のカカオリカー（カカオマス）を含むものとされている．その他にも「buttermilk chocolate（バターミルクチョコレート）」「skim milk chocolate（脱脂粉乳チョコレート）」「mixed dairy product chocolate（乳製品混合チョコレート）」などの基準がある．これらの分類は他国ではほとんど見られないものである．

その他の基準としてはコーデックス指令（Codex Alimentarius）があり，国連食料農業機構が定めたものである．内容の多くは EU 規格と類似しているが，この基準を用いる国々（例えばコロンビア以外のラテンアメリカ諸国）への輸出時にはその差異に注意が必要である．

ヨーロッパにおいてレシチンやその他乳化剤を使用する際には表示しなければならない．これらの乳化剤は E ナンバーとして記載する．例えば E322 は大豆レシチンであり E442 は YN（フォスファチジルアンモニウム）である．E ナンバーは安全性試験で評価し問題なかったことを示している．

存在し得るアレルゲン物質に関しても表示しなければならない．それらには卵，グルテン，乳糖，ピーナッツがある．一度ナッツを処理した設備を使用する場合は徹底清掃しない限り，その後の商品すべてに「ナッツを含む場合がある」旨の記載をしなければならない（配合しない場合でも）．

10.2　賞味期間

チョコレート製品の賞味期間は味や食感，外観が消費者にとって魅力のなくなる程度に変化する期間で決まる．多くの場合，これはファットブルームによる白化の起こる時期である．この変化は，油脂結晶の変化（V 型から VI 型への転移）により食感の硬化や融解性の低下を伴っている．これらの変化は貯蔵条件が良ければ遅延し，またチョコレートへの特殊油脂や乳化剤の添加，さらに第 6 章で述べたような柔らかいフィリング油脂の使用によっても遅延できる．

表面にひび割れが生じても品質低下につながる．この現象は釜掛け製品において，温度変化によるセンター膨張率が被覆したチョコレートよりも大きい場合に起こることに注意すべきである．ひび割れは型成型品やエンローバー製品でも生じるので，一定温度での保存が望ましい．しかしセンターが焼菓子の場合では水分移行により焼菓子の膨張も生じる．

チョコレートによる連続皮膜によって水分移行は低下するが，水分子はゆっくりと動くのでこの種のセンター膨張は経時的に生じる．一度ひび割れが起こると水分移行は急速に進行するので，製品の外観はセンターの食感悪化とともに，すぐに悪くなる．

ウェハー様のセンターでは吸湿によりふやけて，クリスピー感を失い食べられなくなる．キャラメルやフォンダントのような高水分センターでは乾燥により固く，ザラ

つくようになるので，ここでも水分移行は問題となる．両タイプのセンターが一つのチョコレートに入っている場合はより状況は悪く，間に油脂またはチョコレート層がなければ移行を抑えることはできない．この例として Lion Bar® があり，これはウェハーセンターにキャラメルコーティングがしてある．

Figure 10.1 に製品品質劣化を引き起こす水分及び油脂移行の生じる様子を示した．チョコレートへ水分が侵入することでチョコレートの食感は変化し古くさい外観となるが，ウェハーとキャラメルとの相互作用に比べればその程度は小さい．これらの変化を引き起こす駆動力は相対湿度（ERH＝水分活性×100）の差である．各原料の水分活性は，密封容器に試料を入れて空気相を少なくすることで測定できる．空気相は迅速に試料へ水分を吸収または放出し平衡水分に達するので，空気相の相対湿度を校正されたプローブで読み取る．ERH は原料水分，配合，温度に大きく依存する．製品において重要な温度は販売されるまでの履歴で，倉庫では 15℃，店では 22℃ である．

Figure 10.1 に示したような製品で水分移行を極小化するためには，構成する三つの成分の ERH をできるだけ近くしなければならない．ウェハーは少量の水分で食感が低下し，キャラメルは水分が少ないと硬くなり過ぎる．つまり各成分の ERH を他の物質によって変化させなければならないこととなる．例えば，少量の高親水性原料により ERH をかなり増大させることができる．

包装形態も重要であり，透湿性の低い包材を使用しなければ，倉庫の湿度が高いと乾燥センターは吸湿し，環境湿度が低いと水分のあるセンターは硬くザラついてしまう．

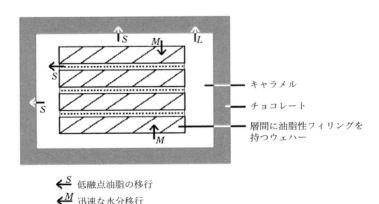

Figure 10.1 ウェハー，キャラメル，チョコレートを含む製品における品質劣化要因

10.3 包　装

包装材料の選定においては製品と保管条件を考慮することが非常に重要である．第一に，高水分センターの場合には透湿性の低い包材を使わねばならないが，常にそうとは限らない．数年前，Turkish Delight 製品に透湿性の低い包材を使ったところ，多量のカビが発生した．この原因は保管中の温度変化に求めることができる．多くの店では夜よりも昼の温度が高い．昼間，温度が高いと Turkish Delight の水分はチョコレートを通して移行し，包装内部の空気が飽和状態に達する．ここで温度が低下すると水分は包材やチョコレート表面で凝縮しシュガーブルームやカビが発生するのである．包材の水分や香気の透過性試験方法については第 12 章の実験 14 で述べる．

チョコレート製品の多くは衝動買いされる．つまり消費者は購入の目的を持って売場に来るのではなく，陳列された商品を見て購入するのである．この事実は製造者にとって，製品を明るい色などで魅力的に包装することが大切であることを意味する．また，大きく見せることができれば消費者の目に止まる機会も増える．スーパーマーケットにおける棚面積は限られているので，フックに掛ける袋入り商品や，エンドやレジ脇に配置する大型陳列台等も使用される．

包装材料には汚れ防止程度のものから，外部の臭いに対する透過性の低いものまで，種々のものがある．その他には，Smarties® 筒及び Toblerone® のように，製品に結び付いた包装形態がある（Figure 10.2）．元々の Smarties® 筒はプラスティック製の蓋が付いたものであった．その後六角柱の形に変更されたが，類似の外観を保っている．需要に見合うように（英国では毎分 17000 個以上の Smarties® が食べられている），この商品は重量で充填され販売されている．すべての Smarties® が同一の大きさではないため，商品毎に粒数は異なる．また場合によっては 10 % 重い製品も存在し得る．また全色が入っていない場合もあるが，それは各色が個別に製造された後に混合されるためである．これは Smarties® の新商品が発売される際に面白い数学的問題を生じる（第 12 章，実験 12 参照）．

Figure 10.2　ブランド識別しやすい Smarties® 及び Toblerone® の包装

また包材使用量を減少させようという要請が強まっている．これは環境問題とともに，輸送費や包材費のコスト低減の問題でもある．包材の厚み減少などはその対策の一つであるが包材の大きさも重要である．チョコレートは多量に販売されるので，製品一つにおける包材の数ミリの減少が莫大な使用量削減につながるからである．

包装機械もまた非常に複雑で高価である．1950年代には製品の包装のために多くの人手を要したが，現在では一台の包装機で毎分数百個を包装できる．しかしこの機械は高価なので，なるべく長時間稼働させることが重要となる．長時間稼働のためには，正しい大きさ(大きすぎる製品は詰まってしまう)の製品を連続的に供給するばかりでなく，巻き取り包材の交換時(最新の機械の多くは自動的に新しい巻き取り包材につなぐ)に停止しないことが求められる．また，包材品質が均質でないと，伸びたり破れてしまう．

10.3.1　アルミ箔及び紙包装

伝統的な型成型板チョコレートの包装はアルミ箔と紙包装である(Figure 10.3)．アルミ箔はゴミや虫害，汚れを防ぎ，紙には製品名や法的に求められる記載事項，栄養情報などを明るい色とともに印刷する．アルミ箔と紙の厚さ及び大きさは最小化することができ，またこれらはリサイクル可能な素材である．

製品を輸送する際には，一般的に2～6ダースを外函といわれる厚紙の箱に入れる．外函は厚紙で作られ，店頭でこのまま販売できるように印刷されている(Figure 10.4)．暑く湿度の高い気候などで特別の保存性が必要な場合には外函をさらにフィルムで包装することもある．外函は輸送用の箱に入れられパレットに積まれる．外函を直接パレット積みする場合もある．パレットの荷物は外周をプラスチックフィルム

Figure 10.3　伝統的な箔と紙による板チョコレート包装

Figure 10.4 外函で陳列された菓子製品

で固く巻いて保護される．

　アルミ箔はイースター卵やクリスマスのような季節商品にも使用される．後者では箔に印刷されたデザインをチョコレートの形と一致させねばならないため，包装は複雑である．

10.3.2　ピロー包装（Flow Wrap）

　チョコレート製品の多くはピロー包装品（count-line）として販売されている．これは消費者に一個ずつ購入され，食事としてではなく間食として食べられている．これら製品の多くはピロー包装機(flow-wrap)で包装されている．これは一台の包装機で，時には毎分 500 個以上の能力で包装できる利点がある．包装は密封性が高く，適切な包材を選択することで水分や異臭の透過を防ぐことができる．上述のものとは異なるが，大きな袋を用いた同様の包装形態で，内部に包装品や未包装の小さい製品を入れるものがある．典型的なピロー包装商品を Figure 10.5 に示す．

　包装材料は印刷され長いロール状（巻き取り）として供給される．インクの種類と使用法によっては，不快な香気がチョコレートへ付着してしまうので充分な注意を払わなければならない．包装後に印字する賞味期限のためにスペースを空けておくことが多い．この印字はインクジェットまたはレーザー焼き付けによって行う．包材には多くの種類があり，例えば共押し出しフィルムやフィルム / 箔 / フィルムラミネートなどがある．

　ピロー包装では最初にフィルムをロールから引き出し，熱または圧力で接着しながらチューブを作る（Figure 10.6）．製品はチューブの中へ供給され，その後必要な長さ

Figure 10.5 ピロー包装商品

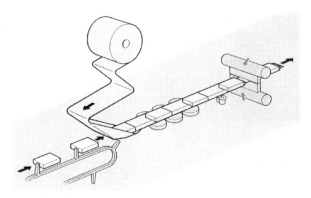

Figure 10.6 ピロー包装の工程図

で切断される．後方開口部はさらに熱や圧力で接着される．圧力による接着ではコールド接着剤が必要で，これは印刷段階で包材の裏側に塗布される．

接着は水分や臭いからの保護性を持たせるために特に重要である．熱接着の場合には，融着に充分な時間が必要となるが，これにより包装能力が制限されるばかりでなく，製品が熱で損傷を受ける可能性も生じる．したがってコールドシール方式が増えつつある．これは天然ゴムを樹脂と混合して作られている．すべての包材に適合するわ

けではなく，また巻き取りにおいて接着しないように剥離油や剥離フィルムが必要となる．良好なバリア性を持った高速包装はコールドシール及び金属蒸着フィルム（フィルム上に薄層のアルミニウムを真空下で蒸着したもの）によって得られる．

10.3.3　生分解性包装材料

包装における環境問題の重要性は増大しつつあり，特に再生可能性（数十年単位での再生）や生分解性（微生物による資化）が重要である．さらにこれらの性質を持たないプラスチックは石油や埋蔵ガスから作られており，両者ともに有限の資源である．そのため包装資材に種々の再生可能バイオポリマーが開発されている．

それらは四種に分類できる：

   デンプン系

   polyhydroxy（alkanoates／butyrates）／polyesters

   ポリ乳酸　（PLA）

   セルロース系

PLAはポリ乳酸であり穀類デンプンから製造する．脂肪族ポリエステル（aliphatic polyesters）はカーギル社によりコーンスターチから製造され，柔軟性のあるフィルムやしっかりとした包装に用いられる．PLAの性質として剛性，透明性，艶，折りたたみ易さ，ヒネリやすさがあり，防湿性は低い．

Planticもコーンスターチから製造される．これは押し出す前に可塑剤と加工助剤を添加したもので，詰め合わせチョコレート箱の真空成型トレーに用いられている．これは硬くて静電気に強く，温水で完全溶解する．後者の性質は最終製品の保管条件が厳密なことを意味しており，吸湿するか，または乾燥して脆くなる危険がある．

10.3.4　ロボットによる包装

個々の菓子を詰め合わせ箱に入れる作業は，たくさんの人手を要する．多くの工場でこの仕事はいまだ人手で行われているが，ロボットを利用している工場もある．正しい形状の菓子及び方向を画像認識によって見分け，通常は吸引装置付きのアームで菓子を吸い上げで箱の中の正しい位置へ入れるのである．初期のロボットシステムは，箱に入れる菓子の種類を変える際の再プログラムが困難だったため制約が多かった．しかし現在の高性能なコンピュータはこの問題を解消している（Figure 10.7）．

  菓子を箱や外函へ入れるような簡単なロボットはより多く使われている．この種の機械は菓子工場で働く人の数を劇的に減少させ，また前述したような新製造工程と相まって菓子産業を労働集約型で職人的な産業から高生産性で高度に科学的，技術的なものへと変化させたのである．

10.3 包　装

Figure 10.7　箱入りチョコレートのロボット包装
（Aasted Mikrovaerk ApS Denmark）

参照文献

1. C. E. Jones, Packaging, in *Industrial Chocolate Manufacture and Use*, ed. S. T. Beckett, Blackwell, Oxford, UK, 4th edn, in preparation.

第 11 章　栄養と健康

献辞
　本章をチョコレートの栄養に情熱を持って研究された Dr. Nicholas Jardine に捧げる．

　食品は我々にエネルギーを供給するが，特にチョコレートは比較的エネルギー密度が大きい．つまり小さい割にはカロリーが高いことを意味している．そのためチョコレートは極地探検や救命ボートなどの食料に含まれているのである．また，食料の三要素である炭水化物，脂質（といっても理想的比率ではないが），ある種のビタミン類やミネラル類を含んでいる．適当量のチョコレート摂取（一日に標準的な板チョコを一枚摂取）では頭痛やニキビ，虫歯にはならないことが示されている．一方，カカオには心臓病やある種のガン予防，心理学的影響につながる良い成分が含まれており，メディアの注目を集めている．

11.1　栄　　養

　タンパク質や炭水化物，脂質含量はチョコレートの種類によって異なり，微量栄養素であるビタミン類やミネラル類も同様である．100 g のダークチョコレートでは食事から必要な銅の 24% を摂取でき，ミルクチョコレートやホワイトチョコレートは骨を強くするカルシウムの供給源となる．これら栄養素のチョコレート種類別の値を Table 11.1 に示した．
　種々の栄養素をバランス良く摂取することが重要なので，色々な食物を食べることが必要である．しかし英国人の食事において，軽食やおやつとして砂糖菓子を含む菓

Table 11.1　チョコレート 100 g 中の平均含量

	ダーク	ミルク	ホワイト
熱量 [kcal]	530	518	553
タンパク [g]	5	7	9
炭水化物 [g]	55	57	58
脂質 [g]	32	33	33
カルシウム [mg]	32	224	272
マグネシウム [mg]	90	59	27
鉄 [mg]	3	2	0.2

子由来の摂取エネルギーは14％にのぼる（この内の半分はチョコレートである）．その内容を分解すると以下の通りである．

  脂　　　　質　　15％
  タンパク質　　　6％
  炭 水 化 物　　17％

大人はチョコレートケーキやビスケットを好むが，子供はチョコレートをより多く消費する傾向がある．

11.1.1 脂　　質

油脂はチョコレート中で最もエネルギーの高い成分であり，9 Kcal/g である．他方，炭水化物やタンパク質はどちらも 5 Kcal/g である．そして油脂はチョコレート中で約30％の重量を占めている．

油脂はエネルギー源としての他に，心臓病のリスクを高める血中コレステロール値へも影響を与える．ここで二種類のコレステロールについて考えなければならない．LDL（悪玉コレステロール）が高く，HDL（善玉コレステロール）が低い場合には冠状動脈疾患（CHD）や心臓発作のリスクを高める．これは血管中にコレステロールが蓄積し固く厚い層を作ることで血流を阻害するためである（アテローム性動脈硬化として知られる状態）．この状態が心臓に向う血管において生じると，血流が低下することで酸素供給が不足し，胸痛を起こす．このような動脈内のコレステロール塊表面では血栓が生じやすい．それにより心臓の一部へ酸素供給が滞り，機能しなくなることで心臓発作が生じる．また脳への血流が中断されれば脳卒中となる．

血中コレステロールに与える影響は油脂の種類により異なる．第6章に記したように，チョコレート中の油脂は主にココアバターである．ココアバターは34％がステアリン酸で構成されており，この脂肪酸はコレステロール値にほとんど影響を与えない．また34％はオレイン酸であるが，これはコレステロール値に対して影響を与えないか減らす効果がある．27％存在するパルミチン酸は飽和脂肪酸であるが緩やかなコレステロール上昇作用を持つ．その他はほとんどが不飽和脂肪酸である．またチョコレートに使用される植物性油脂はステアリン酸が主体である．しかし「チョコレート風味コーティング」などと表記されている製品には全く異なる油脂が使用されている．一方乳脂は，中鎖飽和脂肪酸に富みココアバターとは異なり有益ではない．しかし比較的多量のミルクチョコレート（一日280 g）を摂取させたヒト試験において，通常の食事の場合と比較しコレステロール値の有意な差は認められなかった．

第6章ではシス脂肪酸とトランス脂肪酸の違いを説明した．トランス脂肪酸は LDL コレステロールを上げるので健康的でないとされているが，HDL コレステロールは下げるため二重に悪い影響を持つ．ココアバターにはトランス脂肪酸が含まれないが，

乳脂には3〜5%存在し，主に夏季の乳に含まれる．現在はより良いココアバター代替脂が入手できるが，ある国々で用いられている安価なココアバター代替脂にはトランス脂肪酸が含まれている（この種の代替脂は国際的な菓子会社では使用が中止されている）．

11.1.2 炭水化物

炭水化物はチョコレートの約半分の重量を占めるため，非常に重要である．多くは砂糖であるが，粉乳には乳糖が含まれ，原料として配合される場合もある．甘味低減のためにブドウ糖を配合することもある．また，国によっては糖尿病患者向けとして果糖を使用することがある．果糖は健康に悪影響があるため，その使用は減ってきている．その他少量の炭水化物はカカオ由来の食物繊維として存在する．炭水化物の種類と量は糖尿病患者にとって，特に血糖指標に与える影響（GI；glycemic index）が重要である．

GIとは，50gの炭水化物を摂取し2時間後の血糖増加値である．ブドウ糖は摂取後速やかに吸収され血中濃度を上昇させるので，これを基準（GI100）として他の食品を評価するものである．血糖量が高く，長く続くと糖尿病や心疾患となる危険性が増す．GI値が低い食品ではブドウ糖値を正常範囲に保つことができる．Table 11.2に一般的な食品のGI値を示した．パンやジャガイモのようなデンプンの多い食品は消化されやすく，速やかに血糖値を上げる．砂糖の50%はGI値の低い果糖なので，砂糖そのもののGI値も比較的低い．食品中の油脂は炭水化物を吸着するため，チョコレートのGI値も低くなる．チョコレートはエネルギー密度が高いので，2型糖尿病患者には不向きである．

Table 11.2 食品のGI値[a]

食品	GI（グルコース＝100）
グルコース	99
焼ポテト	85
全粒粉のパン	71
食パン	70
砂糖	68
レーズン	64
バナナ	52
チョコレート（すべての種類）	43
オレンジ	42
果糖	19
ピーナッツ	14

[a] 平均値

（出典；K. Foster-Powell S.H.A. Holt & J.C. Brand-Miller (2002) International Table of Glycemic Index and Glycemic Load Values, *Am. J. Clin. Nutr.*, **76**, 5-56.）

11.1.3 タンパク質

タンパク質は非脂肪ココア粒子や乳固形分の両方に含まれる．乳タンパクはカカオタンパクよりも非常に栄養価が高い．それは必須アミノ酸を多く含むためである．

11.2 肥　満

肥満は先進国，開発途上国を問わず大きな問題である．リンゴ型体形（abdomen）の人は糖尿病や心疾患の危険性が高く，また四肢への脂肪蓄積（梨型体形）も同様のリスクがある．肥満はBMIで定義され，体重を身長の二乗で割った値である（kg/m^2）．Table 11.3に示したように，BMIが30を超えると肥満と考えられる．

肥満のなりやすさは遺伝的要因や代謝障害が原因である場合もあるが，一般的にはエネルギー摂取が，体機能や活性で使用する量を上回ることが原因である．この過剰なエネルギーが体脂肪として蓄積するのである．典型的な大人のエネルギー必要量をTable 11.4に示した．しかしこの値は年齢や活動度，筋肉量などによって大きく変動する．

Table 11.3　BMIの分類

	BMI
健常	20〜24.9
過量	25〜29.9
肥満	30〜40
深刻な肥満	40以上

Table 11.4　成人のエネルギー所要量（COMA[2]）

| 女性 | 1,940 kcal/日 | 職業全般 |
| 男性 | 2,550 kcal/日 | 平均的な活動量 |

多くの人にとって全食事に対する軽食の割合が増加してきている．そのためエネルギー摂取においてチョコレートを他の軽食と比較することは興味深い（Table 11.5参照）．何を食べるべきか決める時は他の因子も考えなければならない．例えばバナナは果実の一種であり果実は食事に必須のものである．

しかしチョコレートはエネルギー摂取において，消費量の多い英国でさえたった14％にしか相当しない．どのような食事調査でもチョコレート摂食と肥満との関係は

Table 11.5　軽食のエネルギー

食品	重量	熱量 [kcal]
ミルクチョコレート	50 g	264
ピーナッツ	50 g	301
フレンチフライ	100 g	208
チーズサラダサンドイッチ	パン113 g，バター14 g，チーズ57 g，レタス57 g	602
KitKat®	21 g	108
バナナ	平均的大きさ	110

見出されていない．英国食事栄養調査によれば，若年層（4～18歳）において過体重の子供は過食であったが，他の食べ物ほどチョコレートの食べ過ぎは見られなかった．むしろ運動不足の方がより大きな問題である．同様の結果は米国でも得られている．

最近行われた Hull 大学による研究で，成人に対し毎日 45 g のチョコレートを 8 週間摂取させたものがある．その結果，有意な体重増加は認められなかった．また 1990 年代に Leatherhead Food International が行った研究によると，チョコレートを多く消費する者は，食べない人よりも BMI が低い傾向が見られた．この結果は，チョコレートを多く食べる消費者の活動度が高いことによるものと考えられている．

多くの研究がチョコレート消費と肥満との関係を認めていないが，最近の英国の論文によると高油分菓子の消費は，ある種の女性に対して肥満の原因になるとしている．チョコレートは油脂及び砂糖を多く含むエネルギー密度の高い食品なので，その摂取量にはもちろん限界がある．

11.3 虫 歯

虫歯は，酸が歯のエナメル質を溶かし内部の構造を破壊することで生じる．この酸は糖やでんぷん等の炭水化物が，歯垢に存在するバクテリアにより分解されたものである．唾液は酸を中和し，歯が修復するのを助ける働きを持つ．しかし食事が多くなると酸の発生は増大し，回復時間が短くなる．フッ素の存在により一日に 7 回の酸からの攻撃に耐えられると考えられている．

チョコレートは多量の糖を含むので，歯に非常に悪いと思われがちであるが，他の多くの食品と比較するとそんなことはない．事実，チョコレートには数種類の抗う蝕成分が含まれている．

11.3.1 カカオに含まれる抗う蝕性因子

タンニン類はチョコレートの色と香味に重要な成分で，これはポリフェノール類として知られる化学物質の一つである．1960 年代に Stalfors は脱脂ココアパウダーが，通常のココアパウダーと比較して虫歯を起こしにくいこと，またタンニン類を除去するとその効果が減少することを見出した．これらのタンニン類は抗バクテリア活性や酵素阻害活性を有していることが確認されている．そのため歯垢形成や酸生成が抑制されるのである．

11.3.2 歯に優しい乳タンパク

歯垢は唾液中の糖タンパク（glycoprotein）がバクテリアの分泌した高分子と結合することにより生成する．乳由来の糖タンパクは，この結合過程を阻害するため，虫歯

菌の作用を抑制することができる．歯垢の減少は歯茎の病気防止にも有益である．

オーストリアの Reynolds は，乳タンパクの一つであるカゼインが酸による攻撃後のエナメル質再石灰化を促進することを見出した．その理由の一つとして，カゼインがリン酸カルシウムと結合する能力を有するという点が挙げられる．カゼイン分子の一部は親水性であり，他の部分は疎水性なので，歯垢とバクテリアの両者に結合することができる．このような結合が生じるとカゼインは分解されてアミノ酸を生じ，他の酸生成を阻害するのである．カルシウムは歯の再石灰化に利用される．カゼインは歯エナメル質中のハイドロキシアパタイトにも結合し，同様に再石灰化を促す．

乳には緩衝作用もあり，酸度（pH）低下を緩和する．pH が低下し，低い時間が長いほど歯の損傷は大きくなる．

11.3.3　シュウ酸

Jackson と Duke[3] は，0.2〜0.4％濃度のシュウ酸が酸生成を 35〜60％減少させることを示した．これは酵素活性阻害によるものである．バクテリアの酵素は炭水化物から乳酸を生じ，これが虫歯を起こす．しかしチョコレート中にシュウ酸は 0.1％以下しか存在しないので，この効果は限定的であると思われる．

11.3.4　嚥下の速さ

チョコレートは，口中で油脂の融解や砂糖の溶解によって液体へと変化する点で他の食料と異なる．このため迅速に飲み込むことができる．チョコレートにキャラメルや付着性のある原料が含まれていなければ，バクテリアによって酸を生成する糖が口中にほとんど残らない．ナッツが入っている場合は口中からの消失時間はさらに短くなり，虫歯の可能性が低下する．

11.4　その他の悪説

11.4.1　頭痛，偏頭痛

偏頭痛は通常の頭痛よりも重篤で,閃光によって惹起されることが多くまた,躁鬱や食物渇望，疲労によっても生じる．頭痛に関連するアミン類であるチアミンやヒスタミン，フェニルエチルアミンはチーズやピーナッツ，チョコレートに含まれる．チョコレートが頭痛の原因になると非難する人々がいるが，多くの研究によればほぼ否定されている．Moffat, Swash, Scott[4] らは 80 の症例を調べ，チョコレート単独で影響を受けたのはたった 13 例であることを認めた．このうち 2 例はチョコレート摂取で常に反応する人であった．蓋然性の高い考察は，食物渇望は発作直前のストレスが由来であり，チョコレートのような食物摂取を助長するものと考えられる．

11.4.2 ニキビ

ニキビは皮膚の皮脂腺から分泌される油脂分の動きが閉塞されたもので，顔や背中，胸に生じる黒点，黄点，赤点である．原因ははっきりしていないが皮脂腺の障害や過剰の油脂，またはバクテリアやホルモンが影響している．チョコレートが原因であると非難されることが多いが，医師はチョコレートや油脂性食品が原因ではないとしている．1971年に行われたMissouri大学の研究では，ニキビで困っている人の10%がチョコレートを原因として挙げた．しかし，毎日230 g（板チョコ4枚分）のチョコレートを一週間食べさせた結果，ニキビの増加は認められなかった．

11.4.3 アレルギー

アレルギーは異物やアレルゲン（通常はタンパク質）に対する組織の異常反応である．ごく僅かな人はカカオタンパクに反応するが，乳やナッツ，ピーナッツの方がアレルギーを起こす人が圧倒的に多い．ある種の人は乳や配合された乳糖に耐性がない．英国の法律では，製造者に対して含有するアレルゲンを明確に表示するよう求めている．非常に少量のナッツでも劇的な反応を起こす場合があるため，ナッツ含有製品に使用された設備は，その後の商品でナッツを使用しなくても「ナッツを含む可能性がある」旨の表示をしなければならない．この表示は，完全で完璧な清掃を行った場合のみ省略できる．

11.5 健康増進効果

アステカやマヤの人々は数世紀にわたりカカオ飲料が健康に良いと信じ，多くの文書にカカオを薬品として使用してきた記述がある．近年，ココアやチョコレートの摂取による健康への優れた効果が科学的に研究され，特に冠状動脈疾患の危険性を下げる効果が認められている．チョコレート中の油脂が冠状動脈疾患に及ぼす影響については既に述べたが，最近の研究は植物に含まれる生理活性物質であるポリフェノール類によるものであり，その中でも特にフラバノール類の効果に関するものである．

フラバノール類は抗酸化性を有し，健康に資するとされている．カカオにはフラバノールとしてエピカテキンやカテキン，プロシアニジンが含まれ，これらは摂取量に比例して体に吸収されると考えられる．プロシアニジンは吸収される前に腸内でエピカテキンへ分解される．ポリフェノール類は果実や野菜，茶，コーヒー，赤ワインなど多くの食物に存在する．ダークチョコレートはカカオ成分が多いので，ミルクチョコレートよりも多くのポリフェノール類を含有する（ある研究によればポリフェノール類は乳の存在下で生理活性が低下するとされる）．したがって高カカオ含量のダークチョコレートではポリフェノール類も多く含まれると考えられる．しかし必ずしもそうとは限らず，

ポリフェノール量はカカオ品種や処理工程によって変化するためである．特にカカオ豆発酵により多量のフラバノール類が破壊される．

カカオフラバノール類は環状動脈疾患の進行を抑制することが示されているが，それは血小板凝固抑制や抗炎症作用，抗酸化作用によるものである．血小板の反応性や血液凝固は血栓を引き起こすが，フラバノール類はこの反応性や凝固性に影響を与えるのである．高フラバノールチョコレートの通常の摂取は，乳児用アスピリンの低用量によるものと同様の効果に相当する．

フラバノール類にはある種の炎症物質を抑制することが知られており，また抗炎症性の作用を示す一酸化窒素を増加させる．一酸化窒素は血管を弛緩させる重要な因子であり，それにより健康な血流が得られる．循環器系全体の内皮細胞において一酸化窒素レベルが下がり，(喫煙など心疾患の危険因子による) 機能不全が起こると血流が悪くなる．研究によると，ココアやチョコレート由来のフラバノール類を摂取することにより血圧及び血流の改善が認められたが，それは一酸化窒素への作用によるものである．

さらに，冠状動脈疾患のリスク指標として LDL コレステロールがあり，これは動脈壁を酸化し傷つける．その結果，アテローム性動脈硬化を招く．ココア及びダークチョコレートの摂取は LDL コレステロールのリスクを低下させることが示されている．

フラバノール類には抗酸化活性があり，これはガンなど生命に関わる危険につながるフリーラジカルによる悪影響を抑制する．フラバノールを多く含むダークチョコレート摂取による抗酸化活性は，他の抗酸化物を多く含む食品や飲料 (緑茶や赤ワイン，

Table 11.6 チョコレート及び代表的食品の抗酸化活性

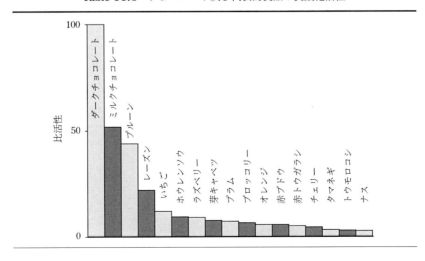

ブルーベリー，ニンニク）と比較しても同等以上である（Table 11.6 参照）．

その理由は明らかでないが，カカオ固形分を多く摂取することは他の疾病治療においても有益な効果をもたらす．2005 年に Hull 大学で行われた研究では，慢性疲労症候群（ME）に苦しむ人へ多量の無脂肪カカオ固形分を含むチョコレートを食べさせ，コントロールとしては同色・同エネルギーで，ココアバターでできたサンプル（茶色い成分を含まない）を使用し，ダブルブラインド法で試験した．その結果，カカオを多く含む群での症状は大きな改善が見られ，そのうちの数人は仕事に復帰することができた．一方，コントロール群では変化が認められなかった．

11.6 向精神物質

メチルキサンチン類は 60 種類以上の植物に存在し，この化学物質は向精神作用を有すると考えられている．チョコレートには有意な量でカフェインとテオブロミンの二種類が存在する．カフェインは中枢神経を刺激するが，テオブロミンの効果はその 1/10 である．またその含有量は，他の食物よりも低い（Table 11.7）．テオブロミン含量は多いが，その薬理作用はカフェインよりもかなり弱い．しかし精神高揚や不眠症治療のために，鎮静剤と共に使用されている．また強い利尿作用（腎臓からの排尿増加）を持つが，チョコレートに含まれるテオブロミン量では生じない．

カカオにはその他にも多くの生理活性物質が含まれている．フェニルエチルアミン（アンフェタミン（覚せい剤）様物質），アナンダミド（内因性マリファナ様物質，カンナビノイド），トリプトファンなどはチョコレートへの依存性を起こす物質であると考えられている．しかし別の理由から，これら物質が気分を変える可能性は極めて低い．例えば，フェニルエチルアミンとアナンダミドはチョコレート中にごく少量しか含まれないので，活性を示すには大量のチョコレート摂取が必要となる．トリプトファンは他の食料にも多量に含まれ，依存性はない．しかしながら，低タンパクで高炭水化物の食事においてトリプトファンが脳へ影響を及ぼす場合がある．しかしチョコレートのタンパク含量は，トリプトファンにこの効果を起こさせるには高過ぎる．

Table 11.7 種々のチョコレート，飲料におけるメチルキサンチン含量

	容量	カフェイン [mg]	テオブロミン [mg]
ミルクチョコレート	50 g	10.0	70
ダークチョコレート	50 g	22.0	209
ホワイトチョコレート	50 g	わずか	1.1
レギュラーコーヒー	カップ	85.0	—
インスタントコーヒー	カップ	60.0	—
紅茶	カップ	50.0	2.0
コーラ	缶	40.0	—

一方，チョコレート摂取が気分を改善させるという証拠がいくつかある．*Food Manufacturer*（2002）の記事によると，Bath 大学の学生 1000 名を用いた研究がチョコレート製造者であるキャドバリーによって行われた．その結果，チョコレートを食べる学生の 70％は自分が幸福であると記述したが，チョコレートを食べない学生では 41％であった．この理由は恐らく，非常に美味しい食物が気分を良くする物質である脳内エンドルフィンの分泌を促したためと考えられる．

ほとんどの人はチョコレートを好むが，中毒になるだろうか？化学組成からそれはほとんど考えられない．しかし好ましい味と口中で融解する食感，滑らかさの組合せが非常に魅力的となって，それが人々を引きつける大きな理由であることは確かである．

参照文献

1. L. Henderson and J. Gregory, *NDNS Adults Aged 19-64*, **Volume 2**, 2003, FSA, London.
2. COMA, *Dietary Reference Values for Food Energy and Nutrients in the United Kingdom*, 1991, DoH, HMSO, London.
3. D. B. Jackson and S. A. Duke, *Effect of Oxalates in Glycolytic Activity in vitro and on Post Challenge Plaque pH*, European Organisation for Caries Research, presented at the 36th Annual Conference, Weybridge, Surrey, 1989.
4. A. M. Moffat, M. Swash and D. F. Scott, Effect of Chocolate in Migraine: A Double Blind Study, *J. Neurology, Neurosurgery and Psychiatry*, 1974, **37**(4), 445.

第 12 章　チョコレート及び
チョコレート製品を使った実験

　本章の目的はいくつかの実験を通じて化学，物理，数学的原理を概観することにある．実験は比較的簡単な装置を用いるように考えられており，幅広い年齢の学生に実施可能である．なお，実験の行われる環境に応じた危険分析と安全確保を事前に実施しなければならない．

実験 1：非結晶糖と結晶糖

装　　置：

　　ビーカー
　　マグネティックスターラー
　　0.1℃の温度計
　　最小目盛り 1 g の秤
　　グラニュー糖
　　脱脂粉乳
　　キャンデー（例えば Foxes Glacier Mints®）（Polo® のような結晶の多い打錠菓子は不適である）

目　　的：

水に溶かした際の非晶質糖と結晶糖の違いを示す．結晶糖は分子を分離するためにエネルギーを要するので水温を低下させるが，非晶質糖は不安定状態であり安定な低エネルギー結晶状態へ変化する際にエネルギーを放出する．つまりエネルギーにより水は温まる．

手　　順：

1. ビーカーに水を 10 ml 注ぎマグネティックスターラーに乗せる．
2. 水に温度計を入れ，温度が安定するまで撹拌を続ける．
3. キャンデーを細かく砕く（これはキャンデーを袋に入れハンマーで砕く．注意を払うこと）．
4. グラニュー糖及び粉砕したキャンデーをそれぞれ 10 g はかる．
5. グラニュー糖を水に入れ，温度を 5 分間計測する．

6. 同じ手順を非晶質糖についても行う．今度は温度が上昇するはずである．
7. 同様の実験を，脱脂粉乳を用いて行う．これは噴霧乾燥により非晶質状態の乳糖を含有しており，キャンデーよりも大きな温度上昇が観測される．

実験 2：粒子の分離

装　置：
　数枚の紙
　はさみ
　細いガラス瓶と蓋
　ストップウォッチ
　乾燥豆，米，レンズマメ，ひまわりの種

目　的：
カカオ豆からの石の分離，カカオニブからのシェルの分離の原理を調べる．またチョコレート釜掛けにおける分級現象の理由を考える．

手　順：
振動による分離
1. 乾燥した瓶に半分ほど豆を入れる．
2. その上に層状に米を入れる．
3. 両者がよく混ざるように撹拌し蓋をする．
4. 少し回転させるように，ゆっくり振る．すると Figure 12.1 のように豆は上部へ，米は下部へ分離する．
5. 瓶を逆さにして再び振る．豆は再び上部へ集まる．
6. レンズマメやひまわりの種などで同様の実験を行う．瓶の横を叩くとよりよく分離する．

落下速度による分離
1. 一枚の紙を半分に切る．半分にした一枚を 1 cm 幅に細長く切る．
2. もう一方の紙をくしゃくしゃに丸める．
3. 元の大きさの紙を少なくとも 2 m の高さで水平に持ち上げ，地面に落下する時間を計測する．これを何回か繰り返し平均時間を得る．
4. 同様の落下実験を丸めた紙で数回行う．これは非常に速く落下する．つまり板状のカカオシェルが落下速度の差，または上方への吸引によって球状のニブから分離できることを示す．

Figure 12.1　豆と米の入った瓶を振った後

5. 同様の実験を長い細切りした紙で行う．これは切らない紙より速く落下するが丸めたものよりは遅い．繊維の落下速度は長さではなく直径に支配されるのである．つまり充分に長いもの（長さは少なくとも直径の10倍以上）ではすべての細切りした紙は，ほぼ同時間で落下する．

実験3：油脂移行

装　置：
　デシケーター2台または密閉容器
　コピー紙
　シリカゲル
　実験4で得られるココアバター（他の固い油脂でも同様の結果が得られる）．
　菓子の包装紙

目　的：
水分がカカオニブ中の細胞からココアバター遊離へ及ぼす影響を示す．

手　順：
1. デシケーター底部にシリカゲルを入れる．紙を湿度の高い場所に放置する．
2. 数枚の紙をデシケーターに入れ数時間放置する．
3. 紙を取り出し，その上に数滴の油脂を滴下する．油脂は濡れた紙の上では球状となってとどまるが，乾燥紙では拡散し染み込む．
4. 菓子包装に多く使われているPVCフィルムでも同様の実験を行うと，どちらの条件でも油脂は染み込まない．これは多くの菓子包装において包装材料が

紙から PVC に代わった理由である．

実験 4：ココアバターの分離

装　　置：
　1 リットルビーカー 2 個
　オーブン
　ナイフ
　板チョコレート
　スターラー

目　　的：
チョコレートからココアバターを分離し，レシチンの o/w 系における乳化剤としての効果を示す．

手　　順：
1. ナイフでチョコレートを細かいフレーク状に削る．
2. 1 つのビーカーを約 60℃の湯で 3/4 満たす．熱いので注意．
3. フレークを湯へゆっくりと入れ沈ませる．
4. スターラーでゆっくりと撹拌する．強く混合しないこと．
5. ビーカーを 50〜60℃のオーブンに 12 時間放置する．熱いので注意．
6. オーブンから取り出し室温まで冷却する．すると，上部に黄色い油脂層が観察されるがこれはココアバターと乳脂の混合物である．
7. 実験を繰り返すが，今度はフレークをビーカーに入れる際，強力に撹拌する．熱いので注意．

チョコレート中のレシチンは砂糖に吸着しているが砂糖が溶解するとレシチンは水へ溶ける．チョコレート中で油脂は連続相として存在し，融かした際に大きな油滴として残存していれば油脂層を形成する．強力に撹拌するとレシチンで被覆され，微細な油滴となる．これは乳化状態として水中に分散する．

実験 5：チョコレート粘度

装　　置：
　恒温槽（40℃）
　0.5℃精度の温度計

背の高いビーカー
落下球式粘度計 (Figure 12.2 に示したもの)
ストップウォッチ
プラスチック製ロート
1g 精度の秤
板チョコレート
ひまわり油

目　的：
チョコレート流動性に及ぼす油脂及び水分の影響を示す．

手　順：
油脂の効果
1. 40℃の恒温槽中でチョコレートを融解し，ひまわり油，粘度計，ガラス器具なども恒温槽に入れ 40℃に加温する．温度は温度計で確認する．
2. 背の高いビーカーの上までチョコレートを満たす．
3. 落下球式粘度計の棒，またはワイヤー部に記された二つのマーク間の通過時間をストップウォッチで計測する．
4. これを 4〜5 回繰り返す．最初のデータは捨てる．
5. 可能であれば異なる大きさのボールでも実験してみる．
6. 流れ出る液体が秤の上の容器に入るように，ロートをスタンドに固定する (Figure 12.3)．
7. ロート出口を指またはカードで塞ぎ，半分ほどチョコレートを入れる．
8. 約半量のチョコレートが流出する時間を測定する．
9. 再度チョコレートをロートに入れ測定を数回繰り返す．
10. 約 3%のひまわり油をチョコレートに添加し均一となるように良く撹拌混合

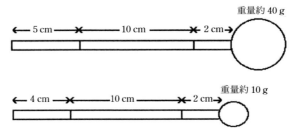

Figure 12.2　落下球式粘度計の構造

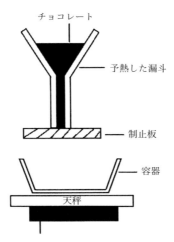

Figure 12.3 流下式粘度計の組み立て

し（可能であればフードプロセッサーを用いても良い），両方の粘度測定を行う．
11. ひまわり油添加量を変えて実験を行う．
 油脂添加にはどのような効果があっただろうか？落下球式粘度（主に降伏値）と流下式粘度（主に塑性粘度）への影響は同じだったか？

水分の影響
12. 同様の実験をひまわり油の代わりに水で行う．ひまわり油の場合と比較し，どのような結果が得られたであろうか？ 実験8も参照のこと．

実験6：チョコレートの粒子径

装　置：
　顕微鏡（できれば偏光素子も）
　篩い（目開き50ミクロン以下）
　0.1g精度の秤
　40ミクロンの測定ができるマイクロメーター
　ひまわり油
　異なるブランドのチョコレート数種類

目　的：
チョコレート中の最大粒子経測定と，粒径が食感や香味に与える影響を調べる．

手　　順：
顕微鏡
1. 少量のチョコレートをスライドガラスに載せ，ひまわり油などの透明で溶解させない媒体で固体粒子を分散する．
2. カバーガラスを試料に乗せ，静かに押して空気を抜く（強く押すとすべての粒子が端へ動いてしまう）．
3. 20 ミクロン以上の粒子経が測定できるように顕微鏡を校正する．
4. 試料を観察し最大粒子経を求める．
5. 顕微鏡に偏光素子が付いている場合は，視野が暗黒となるようにクロスニコルとしてから観察する．結晶糖は複屈折により輝いて見える（Figure 2.10）がカカオ粒子やミルク粒子は暗いままである．これにより最大粒子が砂糖か否かが識別できる．
6. 異なるチョコレートで同様の観察を行う．

篩い
1. 約 100 ml の加熱ひまわり油に約 10 g の液状チョコレートを分散させる（超音波バスがあれば分散操作に使用できる）．
2. 分散液を篩いに通す．篩いには大粒子が残存する．
3. これらを脱脂して重量測定する．または上述した方法で顕微鏡観察する．

マイクロメーター
1. チョコレートをひまわり油に溶かし濃厚分散液をつくる．
2. この一滴をマイクロメーターに載せる．
3. マイクロメーターのネジを廻し，値を読む．この操作を数回繰り返し測定の再現性を求める．ネジを廻しすぎると粒子が破壊されるからである．

香味
1. 試料評価のために少なくとも 5 人を集める．ザラつき，滑らかさ，カカオ香味を官能により 1～10 点で評価する．
2. これら三項目に対する評価値と粒子径測定結果との相関を調べる．

実験 7：レシチンの効果

装　　置：
フードプロセッサー
アイシングシュガー
ひまわり油
レシチン（健康食品店で入手できる）

目　的：
糖－油脂混合物の粘度に対するレシチンの効果を調べる．

手　順：
1. 五部のひまわり油と二部のアイシングシュガーをフードプロセッサーで 5 分間混合する．
2. 手で撹拌して粘度が非常に高いことを確認する．もしも柔らかければ落下球式粘度計で測定する（実験 5）．
3. 5％のレシチン（固ければ少し温める）を添加しフードプロセッサーで 2 分間混合する．
4. 再び粘度を測定する．

実験 8：連続相の反転

装　置：
　40℃の恒温槽
　スターラー（理想的にはトルクまたは電流計付きが望ましいが，手で撹拌し混合に要する力の程度を知る）．
　板チョコレート

目　的：
チョコレートに少量の水を添加すると砂糖がお互いに粘着するため固くなる（実験 5）が，より多くの水を入れると水が連続相となり粘性が低下することを示す．

手　順：
1. 40℃のオーブン中で少なくとも 3 時間，チョコレートを融解する．
2. 撹拌して粘度を確認し記録する．
3. 2％の水を添加し良く混合してその固さを知る．
4. 水分添加量が 30％となるまで三を繰り返す．
5. 水分量に対し，「撹拌しやすさ」をプロットする．

実験 9：チョコレートテンパリング

装　置：
　20〜32℃測定可能な温度計で 0.5℃より精度の良いもの．ガラス製温度計よりも熱

容量の小さい電子温度計の方が好ましい
50℃を測定できる温度計．精度は低くても良い
ビーカー2つと撹拌棒
蓋と撹拌棒のついた試験管
ストップウォッチ
ホットプレート
板チョコレート

目　的：
予備結晶化したチョコレートがテンパリングしていないチョコレートよりも速く固化することを示す．

手　順：
1. 約30 g のチョコレートを融解しビーカー中で50℃まで加熱する．熱いので注意．ときどき撹拌し，すべての油脂結晶を融解するために30分間この温度に保持する．
2. このチョコレート約10 g を，Figure 12.4 に示すように試験管に入れ温度計と撹拌棒を通して蓋をする．
3. 試験管を冷水の入ったビーカーに入れ，32℃を下回るまで時間に対して温度変化をプロットする．チョコレートが固化するまで，ときどき撹拌する．
4. 約5 g のチョコレートを刻んでパウダーとする．

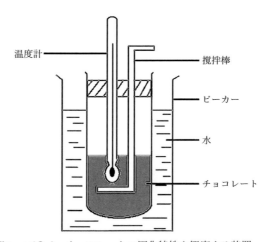

Figure 12.4　チョコレートの固化特性を観察する装置

5. 上記の操作（1〜3）をチョコレートが約35℃となるまで繰り返す．
6. 約3gのチョコレートパウダーを添加しよく混合してから冷却速度を測定する（粉状のチョコレートはチョコレートをV型へ導く種として作用するので固化を促進し，最初の実験と比較し温度上昇が非常に速くなる．）
7. 氷水の使用，またはチョコレート量を変えて実験を繰り返す．

実験10：硬度測定

装　置：
　恒温槽
　500gと1Kgの分銅
　レトルトスタンド
　金属棒で一端が円錐状となっているもの
　携帯顕微鏡（この実験は定規と虫眼鏡を使っても可能である）
　板チョコレート

目　的：
微小な温度変化がチョコレートの固さに大きな影響を与えることを示す．

手　順：
1. 板チョコレートを種々の温度に少なくとも12時間以上放置する．例えば，冷蔵庫，温かい部屋，24℃及び28℃の恒温槽が良い．
2. レトルトスタンドを棒が中を自由に動くように垂直に，試料の上にセットする（Figure 12.5参照）．
3. 一つのチョコレート試料を取り出し円錐棒の下に静かに置く．油脂が融解や固化しないように，試料は測定直前に恒温槽から取り出す．
4. 棒の上端に注意深く分銅を載せ　数秒間保持する．
5. 分銅を取り除き，棒をチョコレートから抜く．
6. 試料を少しずらし，再び棒をセットする．
7. 別の重さの分銅を載せる．
8. この手順を数回繰り返す．各分銅を使った時の痕跡を記録する．
9. 携帯顕微鏡でチョコレートについた痕跡の直径を測定する．

保管温度の違いと分銅重量が直径に与える影響を調べる．

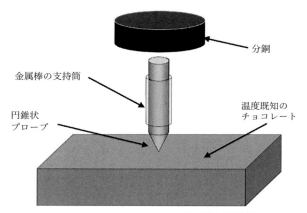

Figure 12.5 チョコレートの比硬度測定装置

実験 11：チョコレート組成と製品の重量管理

装　　置：

0.1 g 精度の秤

板チョコレート及びエンローバー製品（カウントライン品）

目　　的：

市販チョコレートの組成を調べることと，チョコレートの実際重量を記載重量と比較する．またエンローバー製品と型成型品との差異を観察する．

手　　順：

1. 市販チョコレートをカカオ含量とミルク含量の観点で調べる．
2. カカオの産地に関する記載を調べる．この情報は主にダークチョコレート，特にオーガニックチョコレートに多い．
3. 同一製品を，できれば異なる店で最低 10 個購入する．（同じ店から購入すると，これらは大抵同時に製造されたものなので，差異は小さくなる）．試料には板チョコレートのような型成型品と Mars Bar®, Drifter®, Crunchie® 及び Lion Bar® のようなエンローバー製品（カウントライン品）を含める．
4. すべての重量を測定し，一定の重量幅で頻度グラフをつくる．
5. 製品毎に平均重量，標準偏差，変動係数（標準偏差／平均）を求め，記載重量と比較する．型成型品の変動係数はセンターを持つエンローバー品よりも小さいと期待される．これはエンローバーが正確でないだけでなく，センター間

にも重量変動があるためである．

実験 12：分布と確率

装　　置：
最低 20 個の Smarties® または同種の色付き製品

目　　的：
数の分布と確率の重要性を示す．

手　　順：
1. 各製品に含まれる色別数と総数を記録する．Smarties® は色別に製造した後に混合して製造し，数ではなく重量で包装する．つまりある色が入っていない場合や，数が製品毎に異なることがあり得ることを示す．
2. もしも新しい色を追加する場合，各製品に少なくとも一つの新色が入るためには混合時にどの程度の比率で混ぜれば良いだろうか？
3. 内容物の色別の数分布（ヒストグラム）を作り，また一製品中の数の変動も調べる．
4. 各色の割合を円グラフとする（Figure 12.6）．
5. もしも営業部門が拡販のために 10％フリーとの施策を行ったら，Smarties® は平均何粒増えるであろうか？重量を 10％増やして数が減る可能性はあるだろうか？

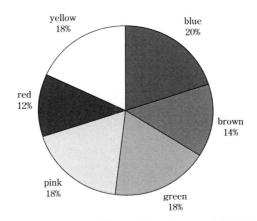

Figure 12.6 Smarties® の 48 製品に含まれる色別存在割合

実験13：色素のクロマトグラフィー

本実験の改訂に際し Dr. Alberto Taboada に感謝する．

装　　置：
化学薬品を使うので保護メガネと保護手袋を着用することを薦める．
　　Smarties® や M&M's® のような着色菓子
　　100ml のビーカー
　　湯浴
　　ホットプレート
　　メガネ皿
　　1%アンモニア溶液
　　1 m の白色毛糸
　　酢酸
　　酢酸エチル
　　2-プロパノール

目　　的：
食用色素をその構成成分に分離する

手　　順：
1. 5種の異なる色の菓子を用意する（赤，緑，青，茶，黄）．
2. 試料を入れた 100 ml ビーカーに 10～15 ml の湯を入れ，表面の色を溶解させる．センターが崩壊する前，5 分後にセンターを取り出す．
3. 1%アンモニア溶液中で毛糸を 5 分間煮沸する．
4. これを冷水ですすぎ，色素の抽出されたビーカーに入れる．
5. 希酢酸液を加え 5 分間煮沸する．
6. 毛糸を取り出し冷水ですすぐ．
7. 10～15 ml の 1%アンモニア溶液中で毛糸から色素を 5 分間，再度抽出する．
8. アンモニア溶液から毛糸を取り出す．
9. アンモニア液を湯浴上で蒸発させる．
10. 抽出された色素に 4 滴の水を入れ TLC プレート（Merck 社，アルミニウムシート，2 m×6 cm；60F$_{254}$）に滴下し完全に乾燥する．
11. ビーカーへ 5 mm の深さで溶媒を入れる．溶媒は酢酸エチル（40部），2-プロパノール（30部），水（25部）の混合液とする．TLC プレートを，試料滴下ス

ポットがビーカー底部より 10 mm となるように設置する．
12. ビーカー上部はメガネ皿で蓋をし，溶媒がビーカー高さに上るのを待つ．
13. TLC プレートを取り出し，色素が構成成分に分離されていることを確認する．

溶媒の混合比を変えることで分離程度が変化する．本法は元来, Nestle Rowntree Customer Services Department が合成色素分析のために開発したものであり，ある種の天然色素には不適である．

実験 14：異なる包装材料の有効性

装　置：
0.1 g 精度の秤
デシケーター
シリカゲル
直径 5 cm，深さ 1 cm のアルミニウムまたはガラス皿
菓子の包材でアルミ箔，紙，樹脂のもの
密閉用ワックスまたは臭いのない接着剤
ホワイトチョコレート
ペパーミントオイル

目　的：
異なる包材の水分バリア性及び香気バリア性に対する効果を調べる．

手　順：
水分バリア性
1. 数個の皿に同重量のシリカゲルを入れる．
2. 皿の直径よりわずかに大きく包材を切断し，皿上部にワックスまたは接着剤で貼り付ける．全周にわたって完全に接着するように注意する．その後重量測定を行う．
3. デシケーター底部に水を入れ，皿を Figure 12.7 のように内部に放置する．
4. 皿を毎日取り出して重量を測定する．

水分バリア性の劣る包材は速く重量が増加する．経時的に重量は一定となるが，これはシリカゲルが吸水限界に達するためである．

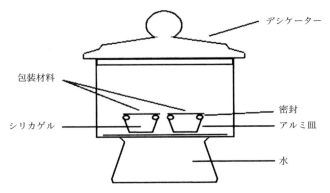

Figure 12.7　異なる包材のバリア性比較試験装置

香気バリア性

ここでは香気の少ないホワイトチョコレートを用いる．

1. 各皿に6個のボタン状ホワイトチョコレートを置くが，今回は異なる包材に対し，各5枚の皿を用意する．
2. この上を包材で密閉する．今回は重量測定の必要はない．
3. デシケーター底部にペパーミントオイルを置き，皿をセットする．
4. 各包材に対し適当な間隔（例えば1, 5, 14日）で皿を取り出す．5人の官能検査でホワイトチョコレートに着香したペパーミントフレーバー強度を5〜10点で評価する．
5. 異なる包材について，時間と香気強度をプロットする．

リークテスト

1. ピロー包装品や袋入り製品を水没させ，水中でゆるく揉む．
2. 浮き上がる気泡の数を数える．気泡の数が数えられる程度であれば，幾分かの漏れはあっても包装状態は満足できる状況である．

実験15：粘度と香味

装　　置：

　板チョコレート
　冷蔵庫
　ナイフ
　2個のヨーグルト

目　的：

食品が口中で融解する速度が，食感とともに味に影響することを示す．これはチョコレート粘性が種々の分子の香味感受性部位へ到達する速度に影響するからである（Figure 5.1 参照）．

手　順：

1. ナイフでチョコレートを削る．
2. 一板のチョコレートと削ったチョコレートの半分を冷蔵庫に24時間放置する．
3. もう一枚の板チョコレートと削ったチョコレートの残りを室温に放置する．
4. 4種類のチョコレートについて，その固さ，融解速度，滑らかさ，カカオ強度を記録する．これらは元々同じものであるが大きな差が認められるであろう．
5. 同様の影響は固化したヨーグルトでも得られるであろう．ヨーグルトを激しく撹拌すると柔らかい液状となるが，これを固いヨーグルトと比較する．

実験16：耐熱性試験

装　置：

Part a
　　32℃の恒温槽
　　濾紙
　　数種の異なるチョコレート
　　ナイフ

Part b
　　冷蔵庫
　　秤（小数点以下3位までの精度）

目　的：

暖かい季節や暑い気候ではチョコレートの融解やそれによる包材への付着が大きな問題となる．本実験はこのような状況がいかに生じるか，またチョコレートの種類が耐熱性に与える影響について示す．

手　順：
Part a
1. 濾紙に小さい四角形を書き込む．
2. チョコレートを同じ大きさに切る．
3. 試料を濾紙の中央に乗せ，32℃のオーブンに2時間入れる．
4. オーブンから取り出し，チョコレートを濾紙から剥がす．
5. 油脂のしみこんだ四角形の数を数える．

数が多ければチョコレートが融けやすかったことを示す．この結果はチョコレートの滑らかさと関連させることができる．なぜか？

Part b
1. 板チョコレートを四つに割る．
2. それぞれの重量を測定する．
3. 二つを，上部を上側にして濾紙に置き，残った二つを逆向きに置く．
4. 32℃のオーブンに2時間放置する．
5. オーブンから取り出し，すぐに冷蔵庫へ少なくとも1時間入れる．
6. チョコレートを剥がし重量を測定する．
7. 油脂の減量を求める．
8. オーブン温度及びチョコレートの大きさ，形による効果を調べる．

実験17：膨張係数

装　置：
　　湯浴
　　フラスコとガラス管の通った栓 (Figure 12.8)
　　0.5℃精度の温度計
　　チョコレート
　　砂糖溶液

目　的：
ある種のチョコレート製品は温度が変化した際，二つの組成物間の膨張係数が異なるためにひび割れを生じる．

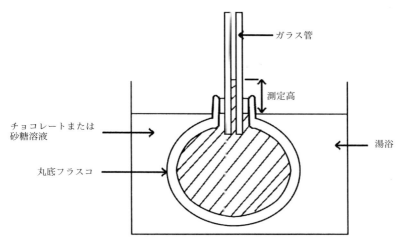

Figure 12.8 チョコレート及び砂糖溶液の熱膨張係数を比較するための装置

手　順：
1. チョコレートを 40℃で数時間融解し 38℃へ冷却する．
2. 湯浴を 38℃にセットする．
3. フラスコにチョコレートを満杯充填し栓とガラス管を取り付ける（ガラス管が破損した場合に備えて手袋着用のこと）
4. フラスコを首の部分が水面となるように湯浴に入れる．
5. 装置が平衡状態となるまで待ってからチョコレートの高さを読み取る．
6. 温度を約 2℃上げ 20 分後に高さを測定する．
7. これを 50℃まで繰り返す．
8. 測定したチョコレート高さを温度に対してプロットする．
9. 同様の実験を砂糖溶液にて行う．

得られた二つの曲線の違いを調べる．

実験 18：メイラード反応

装　置：
　　ブドウ糖
　　バリン（化学薬品店から入手できる）
　　小さいビーカー（100ml）

第12章 チョコレート及びチョコレート製品を使った実験

　　ホットプレート
　　ひまわり油

目　的：
ロースト中に生成するチョコレート香気の発現を実験する．

手　順：
1. 20 ml の水に約 3.6g のブドウ糖と 0.6 g のバリンを溶解する．
2. 約 2 ml のひまわり油を添加する．
3. 沸点近くで約 15 分間加熱する（煮沸してみる．ときどき撹拌する）．
4. 香気を嗅ぐ．非常に熱いので注意．保護手袋と保護メガネ着用のこと．突沸している時は特に注意すること．
5. 異なる温度，時間，濃度を変えて実験してみる．

バリンはココアに存在するアミノ酸の内の一つに過ぎないので，チョコレートの香気全部を生成させることはできない．

用　語　集

酢酸：acetic acid, ethanoic acid

チョコレートクラム：乳，砂糖，カカオリカー混合物を脱水したもの．ある種のミルクチョコレート原料として使用される．

ココアバター：カカオ豆内部（ニブ，胚乳）から搾油して得られる油脂．

ココアバター代用脂：ココアバターとどのような割合でも混合できる油脂で，その固化を妨げない．

カカオリカー：カカオニブを微粉砕したもの．チョコレートと同様，室温で固体であるが35℃以上では液体となる．

カカオマス：カカオリカーの別名．

カカオニブ：カカオ豆からシェルを除いたもの．

コンチェ：チョコレート原料を混合する機械で，チョコレートを液化し不要な香味を除去するもの．

エンローバー：菓子センターへチョコレートを流し掛けて被覆する装置．

シュウ酸：ethanedioic acid, oxalic acid

ラウリン脂：ラウリン酸（dodecanoic acid（$C_{12:0}$），lauric acid）含量の高い油脂．ココナッツやパーム核油に由来する．

外函：板チョコなどを集積して入れる容器．

グリセロールリン酸：リン酸（またはリン酸含有脂肪酸）を含む脂質でグリセロリン酸のエステルを形成したもの．

リン脂質：グリセロールリン酸の一般名．

塑性粘度：液体が比較的速く動いている場合の粘度に関連する数値．

多形現象：同一物質が，異なる融点を持つ違う結晶形として結晶化すること．

テンパリング：チョコレート中の油脂を適正な形として結晶化させるプロセス．

トリアシルグリセロール：グリセロールに三分子の脂肪酸がエステル結合したもの．

ホワイトチョコレート：ココアバター，砂糖，粉乳からできたチョコレート．

降伏値：液体を流動させるために必要なエネルギーに関連した値．つまり，非常に遅く液体が流動している場合の粘度．

索　引

【ア　行】

アイザックニュートン	Newton, Isaac	63
アイスクリームコーティング	ice-cream coatings	134
アステカ人	Aztecs	1
After Eight®	After Eight®	108
アミノ酸	amino acids	16
アルカリ化→ダッチプロセス	alkalising process see Dutching process	
アレルギー	allergies	158
アレルゲン	allergens	144
アンナ	Anna of Austria	2
イースター卵	Easter eggs	105, 148
Eナンバー	E numbers	144
EU規制	Europan Union (EU) legislation	143–144
板チョコ成型	solid tablets inmoulding	103–105
一括粉砕	combined milling	49–51
イリッペ	illippe nuts	92
インドネシア	Indonesia	10
インパクトミル	impact mills for cocoa beans	40
ウィッチズブルーム	witches' broom disease	10
ウィノーイング	winnowing, cocoa beans	30–33
Aero®	Aero®	133, 147
英国におけるマーケティング	marketing in UK	7
HDLコレステロール	high density lipoproteins (HDLs)	153
HPLC→高速液体クロマトグラフィー	HPLC see high pressure liquid chromatography	
栄養	nutrition	152–155
液体チョコレート	liquid chocolate	45–46
口中でのチョコレート挙動	mouth	61
コンチングの三段階	conching	59–60
'jocolatte'	'jocolatte'	2
チョコレート粘度	viscosity	62–77
チョコレートの撹拌（コンチング）	mixing	76–77
チョコレートの貯蔵	storage	97
チョコレートの粒子径	particles size	61–62, 64–68
エクアドル	Ecuador	9
SSSトリグリセライド	SSS triglycerides	80–82
SOSトリグリセライド	SOS triglycerides	80–82
SOOトリグリセライド	SOO triglycerides	80–82

索　引

NMR →核磁気共鳴	NMR see nuclear magnetic resonance	
エピカテキン	epicatechin	42
MRI →核磁気画像処理	MRI see nuclear magnetic resonance	
M&M's®	M&M's®	113, 118
エライジン酸	elaidic acid	94
LDL コレステロール	low density lipoproteins (LDLs)	153, 159
エンローバー	enrobers	45, 97, 108–111
オレイン酸	oleic acid	81, 92, 94–95
温度	temperature	
ココアバター結晶の融点	crystalline cocoa butter	82–83
シングルショットデポ時の温度	shapes	140
チョコレート温度と粘度	viscosity	98
テンパーメーターの温度	tempering	101–103
冷却固化温度	solidification	112
ロースト温度	roasting	31–33
ロールレファイナー温度	roll refiners	49–51

【カ　行】

ガーナ	Ghana (Gold Coast)	3, 10, 16
Karl Fischer 反応	Karl Fischer reaction	70, 121
回転ドラム	rotating drums	113–115
界面活性剤	surface active agents	72–75
カカオ	cocoa	
カカオの抗う蝕性因子	anti-caries factors	156
ココアパウダー	powder	43
→ココアバター	see also cocoa butter	
カカオポッド	pods	11, 12
カカオマス	liquor	32–33
カカオ豆発酵	fermentation	13–16
カカオ木（ココア木）	trees, cocoa	9
カカオ木	trees	9
ココアパウダーの色調	colour	2
カカオ生産国	countries producing	9 - 11
Cocoa Tree Chocolate House	Cocoa Tree Chocolate House	2
ニブ	nibs	2–3, 6, 33, 37–39
カカオニブの粉砕	grinding of cocoa nibs	37–41
カカオの抗う蝕性因子	anri-caries factors in cocoa	156
カカオ豆	cocoa beans	11–13, 30–44
ウィノーイング	winnowing	33–34
カカオの粉砕	mills	39–41
カカオのロースト	roasting	30–36
ココアバター	butter	42–44
カカオマス	liquor	35, 38–39
カカオ豆乾燥	drying	16–17
カカオ豆の大きさ	size variation	31–33
カカオ豆の貯蔵	storage	17–18
カカオ豆の輸送	transport	17–18
カカオ豆発酵	fermentation	13–16

ココアパウダー	powder	44
ストレッカー反応	Strecker reaction	37
ダッチプロセス	Dutching process	2, 42
ニブの粉砕	nibs grinding	37-41
ニブロースト	nibs roasting	34-36
メイラード反応	Millard reaction	36-37
カカオ豆クリーニング	cleaning	30
ロースター	roasters	34-36
ローストにおける化学変化	chemical changes in roasting	35-36
カカオ豆の乾燥	drying of cocoa beans	16-17
カカオ豆のクリーニング	cleaning, cocoa beans	30
カカオ豆の貯蔵	storage of cocoa beans	17-18
カカオ豆の輸送	transport of cocoa beans	17-18
カカオリカー	liquor	
カカオ豆	cocoa beans	38-39
リカーロースト	roasting	34
化学変化(コンチング)	chemical changes, conching	52-53
核磁気画像処理(MRI)	magnetic resonance imaging (MRI)	130-131
核磁気共鳴(NMR)	nuclear magnetic resonance (NMR)	130-131
撹拌	mixing	
液体チョコレートの撹拌	liquid chocolate	76-77
油脂の混合と共晶	fats	86-89
菓子類の磁気共鳴画像	confectionery, magnetic resonance imaging	130
菓子類の付着	sticking of sweets	142
カゼイン	caseins	25, 156-157
ガソリンスタンド	petrol stations	127
固さ	hardness	128-130, 171-172
Casson 式	Casson equation, viscosity	63-64, 67-68, 126
褐変反応	browning reaction	22
カテキン	catechins	8
果糖	fructose	18, 22
Cardinal Richelieu	Cardinal Richelieu	2
ガナッシュ	ganache	70
カフェイン	caffeine	160
カプレニン	Caprenin	95
釜掛け	panning	
釜掛けにおけるセンター表面の凹み	surface curvature	114-116
釜掛けにおける転動	rotational movement	114-115
センターの被覆	coating centres	97, 113-118
糖衣掛け	sugar	116-118
釜での回転運動	rotational movement in panning	114-115
紙包装	paper wrap	147-148
ガラクトース	galactose	21
冠状動脈疾患	coronary heart disease (CHD)	153
キシリトール	xylitol	23
KitKat®	KitKat®	7, 136, 147, 148

索引

気泡（ガス）	air bubbles	104, 137-139
気泡中の圧力	pressure in air bubbles	137
キャドバリー	Cadbury	
クエーカー	Quakers	3
キャドバリーの香味	flavour	28126
キャドバリーのマーケティング	marketing	7
キャドバリーレシチン	lecitin	74
キャラメル	caramel	106-107
球体の充填	spheres packing	66
共晶	eutectics, fats	86-89
気流と粒子径	airflow and particle size	48
クエーカー	Quakers	3
Crunchie®	Crunchie®	97, 108, 172
クリーム	cream	70
クリーム入り卵型	cream egg	139-141
クリオロ	Criollo cocoa	9-10
クロマトグラフィー	chromatography	
色素の分離	colours	174-175
クロマトグラフィーによる香気成分分析	flavour	127
形状	shape	135-136
結晶	crystallisation	
結晶の測定	measurement	130-132
ココアバター結晶	cocoa butter	82-84
ココアバターの結晶化温度	cocoa butter temperatures	83
結晶糖	crystalline sugar	19-21, 162-163
血小板	platelets	159
原料の微粉砕	fine ingredient milling	45
高カカオチョコレート	high-cocoa chocolate	134
抗酸化剤	antioxidants	6, 7-8, 158-160
向精神物質	psychoactive compounds	160-161
高速液体クロマトグラフィー	high pressure liquid chromatography (HPLC)	32, 127-128
酵素によるエステル交換	enzyme interesterification	92
口中でのチョコレートの挙動	mouth, liquid chocolate	61
口中の清浄化	oral clearance, tooth decay	157
コーティング	coating	
コンチングによる油脂被覆	conching	52
チョコレート釜掛け	chocolate	114-116
糖衣掛け	sugar cubes	65-66
コーデックス指令	Codex Alimentarius	144
コートジボアール	Ivory Coast	10
国連	United Nations	143
ココアバター	cocoa butter	
ココアバター結晶の融点	temperature ranges	82-83
ココアバター代替脂	replacers	93-95

ココアバターの結晶形	crystalline forms	82-84
ココアバターの構造	structure	79-82
ココアバターの生産	production	43-44
ココアバターの分離	separation	165
固体脂	solid fats	86, 94
多形	polymorphic forms	82-84
食べるチョコレート	eating	2
非ラウリン系油脂	non-lauric fat	94-95
融解挙動	melting profiles	87
油脂	fat	1
油脂相	fat phase	135
予備結晶化	pre-crystallisation	85-86
ラウリン脂	lauric fat	93-94
ココアバター改善脂（CBIs）	cocoa butter improvers (CBIs)	92
ココアバター代用脂（CBEs）	cocoa butter equivalents (CBEs)	91-92
ココアバターの多形現象	polymorphic forms of cocoa butter	82-83
ココアバターの融解挙動	melting profiles of cocoa butter	87
ココアバターの予備結晶	pre-crystallisation of cocoa butter	85-86
個体脂	solid fats	
代替脂使用による固体脂含量の変化	cocoa butter replacement	93-95
ココアバターの固体脂含量	cocoa butter	81, 86
固体脂含量	indices	88
固体脂指標	indices for solid fats	88
個体粒子	solid particles	
振動による固体粒子の流動	vibration	104-105
チョコレート中の骨格	framework of chocolate	136-137
ミルクチョコレートにおける粒度と粘度	milk chocolate	67-68
コレステロール	cholesterol	153-154
コロンブス	Columbus, Christopher	1
コンチェ装置	conche machines	6
コンチング	conching	52-60
コンチェのエネルギー	power	77
コンチング機械	machines	5-7, 45-46, 56-59
コンチングでの水分変化	moisture	52
コンチングでの物理変化	physical changes	53-54
コンチングによる粘度変化	viscosity	54-55
コンチングでの化学変化	chemical changes	52-53
コンチングでの酸度変化	acidity	52
コンチングの相	stages	59-60
フリッセコンチェ	Frisse machines	59
コンチングでの物理変化	physical changes in conching	53-54

【サ　行】

サイズ	size	
カカオ豆サイズ	cocoa beans	31-33
気泡の大きさ	air bubbles	138-139
再生可能バイオポリマー	biopolymers for packaging	150

索　引

酢酸菌	Acetobacter bacteria	19
砂糖	sucrose (saccharose)	18-19
サラトリム	Salatrim	65
サル脂	sal crop	92
三角チョコレート	Delta chocolate	5
三鎖長構造	triple chain packing of fats	82
三点支持曲げ試験	three-point bend tests	128-130
酸度（コンチング）	acidity, conching	52
シア	shear	
ずり速度	viscosity measurement	125-126
粘度に与えるシアの影響	viscosity	54-55, 62
予備結晶化速度に及ぼすシアの影響	pre-crystallisation rates	85-86
シア脂	shea crop	92
GI値	glycaemic index (GI)	154
CHD →冠状動脈疾患	CHD see coronary heart disease	
CBIs →ココアバター改善脂	CBIs see cocoa butter improvers	
CBEs →ココアバター代用脂	CBEs see cocoa butter equivalents	
シェラック	shellac	116
シェル	shells	105-108
色素→色調	colurs → colours	
クロマトグラフィーによる色素の分離	chromatography	174-175
ココアパウダーの色調	cocoa	2
示差走査熱量測定	crystals, differential scanning calorimetry	131-132
脂肪酸	fatty acids	52
シュウ酸	oxalic acid, tooth decay	157
賞味期間	shelf life	144-145
食感評価	texture monitoring	128-130
植物油脂	non-cocoa vegetable fats	91-96
Joseph Fry	Fry, Joseph	3
joccalatte'	joccalatte' chocolate drink	2
食感分析器／TA	TA texture measuring instrument	128-130
真空成型トレイ	Vcacuum formed trays (VFTs)	150
シングルショットデポジッター	single-shot depositors	139-140
振動	vibration	104-105
水分	moisture	
コンチング中の水分変化	conching	58
水分分析	analysis	121-122
チョコレートの流動	flow of chocolte	69-71
油脂移行と賞味期間	migration and shelf life	144
スィートチョコレート（米国）	'sweet chocolate', USA	143
頭痛（片頭痛）	headaches （migraine）	157
ステアリン酸	stearic acid	81, 91
ストレッカー反応	Strecker reaction	37
スナップ性	snap, chocolate	128

スピニング法	spinning in hollow eggs	106
Smarties®	Smarties®	7, 113, 118, 146-147, 173
Smarties® における分布	distribution of Smarties®	173
スモーキーフレーバー／煙臭	smoky' flavour of chocolate	127-128
成型	moulding	
シェル成型	shells	105-108
シングルショットデポ	single-shot depositors	140
型成型チョコレート	solid tablets	103-108
製品重量の制御	weight conrol in chocolate production	172
生分解性ポリマー	Plantic, biopolymers	150
セルロース系生分解性ポリマー	cellulose based biopolymers	150
相対湿度→平衡相対湿度	relative humidity see equilibrium relative humidity	
ソックスレー法	soxhlet method for fat content	122-123
ゾーリッヒ社　Solltemper テンパリングマシン	Sollich Solltemper tempering machine	98-99
ソルビトール	sorbitol	22

【タ 行】

大豆レシチン	soya lecithin	74
堆積発酵法	heap fermentation	14
代替脂	replacers for cocoa butter	93-95
耐熱性試験	heat-resistance testing	177-178
対流熱	convection	112
多種のセンターを持つチョコレート	multiple chocolate centres	142
ダッチプロセス	Dutching process	2, 42
炭水化物	carbohydrates	154
タンニン	tannins	42
タンパク	proteins	
タンパク質の栄養	nutrition	155
乳タンパク	milk	25-26
Ziegleder 博士	Ziegleder, Dr.	53
チャーリーとチョコレート工場	Charlie and the Chocolate Factory'	97
中空卵	hollow eggs	106
チョコレートクラム	chocolate crumb	6-7, 28
チョコレートセンターの漏洩	leaking chocolate centres	142
チョコレートセンターへのナッツ添加	nuts in chocolate centres	142
チョコレートの固化	solidification of chocolate	112-113
チョコレートの組成	composition of chocolate	172
チョコレートの配給（英国における）	rationing of chocolate in UK	7
チョコレートの流動性	flow of chocolate, moisture	69
チョコレートの冷却曲線	cooling curves for chocolate	101-102
チョコレート被覆時の形状	shape, chocolate coating	114-116
チョコレートブルーム	chocolate bloom	69

Twix®	Twix®	149
艶	gloss, chocolate coating	116
低カロリーチョコレート	low calorie chocolate (reduced / low fat chocolate)	133
低カロリー油脂	low calorie fats	95
ディスクミル	disc mills for cocoa beans	40
低容量連続コンチング装置	continuous low volume conching machines	59
Dairy Milk®	Dairy Milk®	149
テーリング	'tails'	106–107, 110–111, 142
テオブロミン	theobromine	160
Desert Bar	Desert Bar TM	137
手による装飾用器具	hand-decorating tools	110
伝導熱	conduction	112
テンパーメーター	meters for tempering	101–103
テンパリング	tempering	
液体チョコレートの貯蔵	liquid chocolate storage	97–98
チョコレートのテンパリング	chocolate	111–112
テンパーメーター	meters	101–103
テンパリングの温度	temperature	101–102
テンパリングの測定	measurement	100–103, 169–171
テンパリングマシン	machines	98–99
ハンドテンパリング	hand	98–100
→予備結晶化（ココアバター）	see also pre-crystallisation	
テンパリング装置	machines, tempering	98–99
でんぷん系生分解性ポリマー	starched based biopolymers	150
糖	sugar	
甘味度	sweetness	22
砂糖	chocolate	1, 18–23
サトウキビ	cane	18–19
砂糖大根	beet	18–19
糖アルコール	alcohols	22–23
糖衣掛け	panning	116–118
糖の結晶	crystalline	19–21, 162–163
糖の冷涼感	cooling effect	19
糖表面の被覆	cubes coating	65–66
糖類非含有チョコレート	sugar free chocolate	134
ポリデキストロース	polydextrose	23
非晶質糖	amorphous	19–21, 162–163
糖アルコール	sugar alcohols	22–23
転化糖	invert sugar	18
糖尿病者向けチョコレート	diabetic chocolate	134
糖不添加	no added sugar chocolate	134
透明被覆	transparent coatings	135
糖類の甘味度	sweetness of sugars	22

Toblerone®	Toblerone®	146-147
ドライコンチング	dry conching	59
トリグリセライドの結晶状態	crystal packing of triglycerides	83
トリグリセライド	tryglycerides	
トリグリセライド結晶	crystal packing	83
ココアバターのトリグリセライド	cocoa butter	80-81
トリグリセライドの結晶化温度	crystallisation temperature	81
乳脂のトリグリセライド	milk fats	24
トリグリセライドの結晶化温度	triglycerides temperatures	81
トリニタリオ	Trinitario cocoa	9
Drifter Bar®	Drifter Bar®	172
Turkish Delight	Turkish Delight	146
ドン・コルテス	Don Cortez	2

【ナ　行】

ナイジェリア	Nigeria	10
ナシオナル種	Nacional cocoa	9
ニキビ	acne	158
ニコラス・サンダース	Sanders, Nicholas	2
ニブ	nibs	
カカオ豆の粉砕	grinding of cocoa beans	37-41
ニブの粉砕	milling	39-41
ニブロースト	roasting of cocoa beans	33-34
乳	milk	23-28
乳脂	fat	24-25, 87-88
乳脂の脂肪酸組成	fatty acids	25
乳タンパク	proteins	25-26
歯に優しい乳タンパク	tooth-friendly proteins	156-157
粉乳	powders	26-28
乳化剤	emulsifiers, viscosity	71-76
乳脂中の過酸化物	peroxides in milk fat	24-25
乳製品の加工工程	dairy processes	26
乳糖	lactose	21-22, 28
ニュートン流体	Newtonian liquids, viscosity	63-64
粘度	viscosity	
液体チョコレートの粘度	liquid chocolate	45, 62-69, 76-77
温度と粘度	temperature	98
カカオマスの粘度	cocoa beans liquor	39
キャッソン式	Casson equation	63-64, 67-68, 126
キャラメルの粘度	caramel	106-107
コンチングでの粘度	conching	54-55
水分添加と粘度	moisture addition	165-167
ずり速度と粘度	shear stress	125-126
チョコレートセンターの粘度	chocolate centres	141
ニュートン流体	Newtonian liquids	63
粘度計	viscometers	124-126
粘度測定	measurement	124-126

粘度と香味	flavour	176-177
粘度と乳化剤	emulsifiers	71-76
粘度とレシチン	lecithin	72-74
粘度の単位	units	62-64
ビンガム流体の粘度	Bingham fluids	63
ミルクチョコレートの粘度	milk chocolate	103-105
油脂添加と粘度	fat addition	68-69, 166-167
粒子径と粘度	fineness of particles	66-68

【ハ　行】

ハーシー	Hershey	
クエーカー	Quakers	3
Desert Bar	Desert Bar TM	137
ハーシー社、クラムの品質と独自の香味	flavour	28, 126-128
ハード糖衣工程	hard-coating process	116-118
パーム核油	palm kernal oil	93
胚乳→ニブ	cotyledons see nibs	
バイア（ブラジル）	Bahia, Brazil	3, 10
ハカマ	'feet', liquid chocolate	46
箔包装	foil wrap	147-148
ハセップ（ハサップ）	hazard analysis and critical control points (HACCP)	30
バター→ココアバター	butter see cocoa butter	
破断曲線	force v. distance curves in three point bend tests	129
発酵	fermentation	
カカオ豆の発酵	cocoa	13-16
カカオ豆発酵中のpH	pH	15
カカオ豆発酵における酵素	enzymes	15
堆積発酵法／ヒープ法	heap	13-14
発酵における酵素	enzymes in fermentation	15
ボックス発酵	box	14-15
歯に優しい乳タンパク	tooth friendly milk proteins	156-157
パルスNMR	pulsed nuclear magnetic resonance	130
パルミチン酸	palmitic acid	81, 91
ハンドテンパリング	hand tempering	98-100
Van Houten	Van Houten	2
pH	pH	
ダッチプロセスにおけるpH	Dutching	42
発酵におけるpH	fermentation	15
pH低下による虫歯	teeth	157
BMI	body mass index (BMI)	155-156
PLA→ポリ乳酸	PLA see polylactic acid	
PGPR→ポリグリセロールポリリシノレート	PGPR see polyglycerol polyricinoleate	
Peter, Daniel	Peter, Daniel	4-6
ピーナッツ	peanuts	144

ピープス	Pepys, Samuel	2
非酵素的褐変→メイラード反応	non-enzymatic browning see Maillard reaction	
非晶質糖	amorphous sugar	19-20, 162-163
肥満	obesity	155-156
標準粘度測定	standard method for viscosity	124-126
表面凹み	surface curvature in panning	115
非ラウリン系ココアバター代替脂	non-lauric fat replacers for cocoa butter	94-95
ピラジン類	pyrazines	127-128
ピロー包装	flow wrap	148-150
ピロー包装での接着	sealing in flow wrap	148-150
ビンガム流体	Bingham fluids, viscosity	63
VFTs →真空成型トレイ	VFTs see vacuum formed trays	
フェニルエチルアミン	phenylethylamine	160
フェルナンドポー	Fernando Po	3
Fox's Glacier Mints®	Fox's Glacier Mints®	162
フォラステロ	Forastero cocoa	9, 10
輻射熱（冷却における）	radiation	112
ブドウ糖	glucose	18, 21, 22
フラバノール	flavanols	158-160
フラボノイド	flavonoids	7-8
香味に与える粘度の影響	viscosity	176-177
香味の分析	analysis	126-128
コンチングによる香味変化	conching	52
呈味受容体	receptors	61-62
ハウスフレーバー	house	28
プラリネ	pralines	90
Fraunhofer 回折	Fraunhofer diffraction	120
フリッセコンチェ	Frisse conche machines	57-59
ブルーム→油脂ブルーム	bloom see fats bloom	
プロシアニジン	procyanadins	158-160
分割粉砕	separate ingredient grinding mills	47-48
粉砕	milling	
一括粉砕（チョコレート）	combined	49-51
チョコレートの粉砕	chocolate	46-51
ニブ粉砕	cocoa nibs	39-41
分割粉砕（チョコレート）	separate ingredient grinding	47-48
粉体	powders	
ココアパウダー	cocoa	43
粉乳	milk	26-28
粉末乳糖	lactose	28
粉末ホエー	whey	28
平衡相対湿度	equilibrium relative humidity (ERH)	
湿度と賞味期間	shelf life	144-145
チョコレート貯槽と湿度	tempering	77
糖と湿度	sugar	20-21
米国の法規制	USA legislation	143

ペースト相コンチング	paste phase conching	59
ヘーゼルナッツ	hazelnuts	90
Benefat	Benefat TM	96
ベヘン酸	behenic acid	90
Henri Nestle	Nestle, Henri	4
法規	legislation	143-144
包装	packaging	146-151
紙包装	paper wrap	147-148
生分解性ポリマー	biopolymers	150
箔包装	foil wrap	147-148
ピロー包装	flow wrap	148-150
包装の効果	effectiveness	175-176
膨張係数	coefficient of expansion	115, 178-179
Bounty®	Bounty®	149
ホエー	whey	25, 28
Polos®	Polos®	162
ボールミル	ball mills for cocoa beans	40-41
保形性チョコレート	shape-retaining chocolate	135-137
ボックス発酵	box fermentation	14-16
ポリオール→糖アルコール	polyols see sugar alcohols	
ポリグリセロールポリリシノレート（PGPR）	polyglycerol polyricinoleate (PGPR)	75
ポリデキストロース	polydextrose	23
ポリ乳酸	polylactic acid (PLA)	150
polyhydroxyl polyesters	polyhydroxyl polyesters	150
ボルネオ	Borneo	92
ホワイトチョコレート	white chocolate	7
White's Chocolate House	White's Chocolate House	2

【マ　行】

Mars Bar®	Mars Bar®	7, 97, 108, 136, 172
豆ロースト	whole bean roasting	30-34
マレーシア	Malaysia	10, 91
マンニトール	mannito	22
水	water	
水の蒸発泡	evaporation bubbles	139
Milkybar	Milkybar	147
ミルクチョコレート	milk chocolate	45
乳脂	milk fat	87-88
ミルクチョコレートの固体粒子	solid particles	67-68
ミルクチョコレートの粘度	viscosity	104-105
ミルクチョコレートの粒子径分布	particle size distribution	120-121
mucor miehei の酵素	mucor miehei enzyme	92-93
虫歯	tooth decay	156-157

メイラード反応	Maillard reaction	22, 25, 28, 36-37, 53, 179
メチルキサンチン	methylxanthines	160-161
モンテスマ	Montezuema	1

【ヤ 行】

ヤシ油	coconut oil	93
ユカタン	Yucatan	1
油脂	fats	
共晶	eutectics	86-89
ココアパウダーの油分	cocoa powder	44
鎖長構造	chain packing	82
ブルーム	bloom	24, 84, 89-91, 112, 135
油脂移行	migration	90-91, 164-165
油脂移行と賞味期間	migration and shelf life	144
油脂相	phase	135
油脂添加と粘度	additions and viscosity	68-69
油脂の栄養	nutrition	152-155
油脂の混合	mixing	86-89
油分測定	measurement	122-123
油脂移行	migration of fats	90-91
油脂の二鎖長構造	double chain packing of fats	82
ユニリーバ	Unilever	91, 92
用語集	glossary	181
幼少のポッド	cherelles	11 - 12

【ラ 行】

Lion Bar®	Lion Bar®	97145172
ラウリン油脂	lauric fat, cocoa butter	93-94
ラクチトール	lactitol	22
落下球式粘度計	ball fall viscometers	124-125, 166
粒子	particles	
→個体粒子	see also solid particles	
粘度に及ぼす粒子径の影響	viscosity	65-68
粒子径	diameter	64
粒子の比表面積	specific surface area	66
粒子の大きさ	size	47-49, 61-62, 64-68, 167-168
粒子の分離	separation	163-164
粒度と粘度	fineness and viscosity	67-68
粒度の測定	size measurement	119-121
粒子径分布	distribution in liquid chocolate particles	64-65
粒子の大きさ	fineness of particles, viscosity	67-68
粒子の比表面積	specific surface area of particles	67

索　引

流下式粘度計	flow cap viscometers	124
ルイ 13 世	Louis XIII	2
冷却装置	coolers	112–113
レーズン（チョコレートセンター中の）	raisins in chocolate centres	142
レシチン	lecithin	
コンチングにおけるレシチンの添加時期	mixing	76
粘性に及ぼすレシチンの影響	viscosity	72–77
レシチンの効果	effects	168–169
レシチンの表示	labels	144
連続相の実験	continuous phase experiments	169
ロースト	roasting	
全豆	wholebean	32–33
ニブロースト	nibs	32–33
豆サイズ	bean size	31–33
豆ロースト	beans	34
ロースター	roasters	34–35
ロースト温度	temperature	32
ロースト中の化学的変化	chemical changes	35–36
ローストでのメイラード反応	Maillard reaction	36–37
ロータリーコンチェ	rotary conches	56–58
ロールレファイナー	roll refiners	49–51
ロドルフ・リンツ	Lindt, Rodolphe	6, 52
ロボット包装	robotic packaging	150–151
Rolo®	Rolo®	147
ロングコンチェ	long conche machines	56
ロントリー	Rowntree	3, 91

■訳者紹介

古谷野哲夫（こやの　てつお）

1956 年　横浜市に生まれる．農学博士
　　　　早稲田大学大学院理工学研究科応用生物化学専攻　修士課程を修了後，
1982 年　明治製菓㈱入社．チョコレートを中心とした研究開発に携わる．
1992 年　チョコレート油脂の研究で広島大学にて農学博士号を取得．菓子開発研究所長を経て，(株)明治　執行役員　大阪工場　工場長．
2020 年 6 月退社．

カカオ豆に関しては世界十数カ国のカカオ産地を訪問．各国のカカオ栽培，処理状況，品質を調査研究し，現地への指導にもあたっている．訳書に『チョコレートの科学』初版（光琳），『チョコレート製造技術のすべて』（佐藤清隆氏と共訳）幸書房，著書に『カカオとチョコレートのサイエンスロマン』（佐藤清隆氏と共著）幸書房，論文多数，がある．

チョコレート―カカオの知識と製造技術

2015 年 12 月 10 日　初版第 1 刷　発行
2025 年 7 月 30 日　初版第 6 刷　発行

著　者　Stephen T Beckett
翻訳者　古谷野哲夫
発行者　田中　直樹
発行所　株式会社　幸書房
〒 101-0051　東京都千代田区神田神保町 2-7
TEL03-3512-0165 FAX03-3512-0166
URL　http : // www. saiwaishobo. co. jp

装丁：クリエイティブ・コンセプト
組版：デジプロ
印刷／製本：錦明印刷

Printed in Japan. Copyright © 2015 Tetsuo KOYANO
・無断転載を禁じます．
・[JCOPY]〈(社)出版者著作権管理機構　委託出版物〉
本書の無断複写は著作権法上での例外を除き禁じられています．複写される場合は，そのつど事前に，(社)出版者著作権管理機構（電話 03-5244-5088, FAX 03-5244-5089, e-mail : info@jcopy.or.jp）の許諾を得てください．

ISBN978-4-7821-0404-0　C3058